R. Fritzsche · H. Kleinhempel · G. Proeseler

Die viröse Vergilbung der Beta-Rübe

Die viröse Vergilbung der Beta-Rübe

Prof. Dr. sc. Rolf Fritzsche
Prof. Dr. sc. Helmut Kleinhempel
Dr. sc. Gerhard Proeseler

Institut für Phytopathologie Aschersleben der
Akademie der Landwirtschaftswissenschaften der DDR

unter Mitarbeit von

Dr. E. Karl
Dr. R. Kastirr
Dr. E. Schliephake

Mit 36 Tabellen

Akademie-Verlag Berlin 1988

ISBN 3-05-500439-6

Erschienen im Akademie-Verlag Berlin, DDR-1086 Berlin, Leipziger Straße 3–4

Lizenznummer: 202 · 100/485/88
Printed in the German Democratic Republic
Gesamtherstellung: VEB Druckhaus „Maxim Gorki", 7400 Altenburg
Lektor: Karl Abel
LSV 4275
Bestellnummer: 763 747 1 (9070)
01200

Inhaltsverzeichnis

1. Einleitung

In allen Ländern mit intensivem Zuckerrübenanbau werden im Verlaufe der Vegetationsperiode an den Blättern der Pflanzen in mehr oder weniger starkem Ausmaß und vielfach auch in unterschiedlicher Intensität im Vergleich mehrerer Jahre Vergilbungserscheinungen beobachtet. Diese können verschiedene Ursachen haben. Zu ihnen gehören:

- anhaltende Trockenheit,
- Infektionen mit Vergilbungsviren,
- starker Mehltaubefall,
- Magnesium-Mangel,
- Mangan-Mangel,
- Eisen-Mangel und andere Nährstoffmangelerscheinungen,
- Blattvergilbungen nach Anwendung von Bodenherbiziden zur Vorfrucht,
- altersbedingtes Vergilben der Blätter,
- genetisch bedingte Vergilbungserscheinungen,
- vorzeitiges Vergilben der älteren Blätter von Pflanzen auf nematodenverseuchten Böden (Proeseler, Fritzsche 1980, Fritzsche, Kleinhempel 1984).

Die durch diese Faktoren bewirkten Vergilbungserscheinungen sind vielfach zum Verwechseln ähnlich, so daß eine Diagnose mitunter sehr schwer oder auf dem Felde überhaupt nicht möglich ist. Letzteres trifft zu vor allem für die Diagnose der Spätvergilbung etwa ab Mitte September. Hinzu kommt, daß in der Regel in den Beständen nicht ein Faktor allein für die Vergilbungserscheinungen verantwortlich gemacht werden kann, sondern daß verschiedene der genannten Faktoren im Komplex wirksam werden. In der Geschichte des Zuckerrübenanbaues hat zweifellos die Vergilbung auf Grund von Infektionen mit Vergilbungsviren in den rübenanbauenden Ländern die größte wirtschaftliche Bedeutung erlangt. Die viröse Vergilbung ist heute die wichtigste Viruskrankheit der Zucker- und Futterrübe in der DDR, aber auch in zahlreichen anderen Ländern Europas, Asiens, Australiens und Amerikas*). Als Erreger wurde lange Zeit nur ein Virus angesehen. Erst Russell (1958) gelang der experimentelle Nachweis für das Vorkommen von zwei Viren, dem Milden Rübenvergilbungs- (beet mild yellowing virus, BMYV) und dem Nekrotischen Rübenvergilbungs-Virus (beet yellows virus, BYV). Aus den USA ist seit etwa zwei Jahrzehnten das Westliche Rübenvergilbungs-Virus (beet western yellows virus, BWYV) bekannt, das mit dem BMYV serologisch verwandt ist

*) In einer Reihe europäischer Länder besitzt die virusbedingte *Rizomania* außerordentlich große wirtschaftliche Bedeutung. Sie wurde bis zur Zeit in der DDR noch nicht nachgewiesen.

(DUFFUS und RUSSELL 1975). In Europa konnte das BWYV aus der Rübe bisher nur in der ČSSR isoliert werden (POLÁK 1981). In den USA und in Australien (Tasmanien) enthielten blattrollkranke Kartoffeln häufig auch das BWYV, während in der BRD keine Beziehungen zwischen Kartoffelblattrollkrankheit und BWYV feststellbar waren (CASPER 1984).

Die Vergilbungsviren haben auf Grund der verursachten Ertrags- und Qualitätsminderungen bei Beta-Rüben in den Ländern ihres Vorkommens sowohl seitens der Forschung als auch der Praxis große Bedeutung erfahren. Über ihre Diagnose, wirtschaftliche Bedeutung, Epidemiologie und Bekämpfung liegt im internationalen Schrifttum ein umfangreiches Material vor, welches in seinen Aussagen, von territorialen Besonderheiten abgesehen, weitgehend übereinstimmt. Im folgenden soll daher das gesamte Problem der virösen Rübenvergilbung an ausgewählten, charakteristischen Beispielen unter besonderer Berücksichtigung der Rübenanbaubedingungen der DDR dargestellt werden. Dabei muß betont werden, daß sich fundierte Angaben zu vergilbungsbedingten Ertrags- und Qualitätsverlusten nur für die virös bedingten Vergilbungserscheinungen finden. Für den übrigen genannten Ursachenkomplex der Blattvergilbungen bei Zucker- und Futterrüben sind derartige Untersuchungen nicht bekannt. Es darf jedoch nicht übersehen werden, daß mit Ausnahme des altersbedingten Vergilbens der Blätter auch die übrigen Vergilbungsursachen in mehr oder weniger großem Umfang in bestimmten Territorien bzw. in bestimmten Jahren ebenfalls in den Ursachenkomplex für Ernteverluste einbezogen werden müssen.

2. Wirtschaftliche Bedeutung der virösen Rübenvergilbung

Da die Vergilbung der Zuckerrübenbestände, besonders ab Mitte August, durch einen Faktorenkomplex bedingt ist, kann die wirtschaftliche Bedeutung der virös bedingten Vergilbung allein aus einem Vergleich unterschiedlich stark vergilbter Bestände nicht abgeleitet werden, wie dies in der Praxis mitunter der Fall ist. Die Ermittlung der durch die beiden Vergilbungsviren möglichen Ertrags- bzw. Qualitätsminderungen ist daher nur auf Grund phytopathologisch exakter Vergleichsversuche möglich, wobei zu bedenken ist, daß sich diese Ermittlung stets nur auf Einzelrüben beziehen kann und die unter Versuchsbedingungen gewonnenen Ergebnisse in der Regel im Durchschnitt eines ganzen Feldes nicht auftreten (Häni 1979). In allen Ländern, in denen das Problem der wirtschaftlichen Bedeutung der virösen Rübenvergilbung untersucht worden ist, konnte gesichert nachgewiesen werden, daß für die Höhe der Ertragsminderungen durch die viröse Rübenvergilbung der Infektionstermin sowie die Zahl der im Bestand infizierten Pflanzen verantwortlich sind. Je früher die Infektionen im Laufe der Vegetationszeit erfolgen, um so höher sind die zu erwartenden Ertragsausfälle bei den infizierten Rübenpflanzen. Unter Frühinfektionen sind dabei diejenigen zu verstehen, die von Ende Mai bis etwa Mitte Juli erfolgen, wobei die Möglichkeit von Frühinfektionen von Jahr zu Jahr unterschiedlich hoch ist und von dem umweltbedingten Verhalten der Virusüberträger (Vektoren), der Blattlausarten *Myzus persicae* (Sulz.) und *Aphis fabae* Scop., den zur Verfügung stehenden Infektionsquellen, den Witterungsbedingungen sowie dem Kulturzustand der Zuckerrübenbestände abhängig ist. Dagegen haben Spätinfektionen (Mitte August bis Mitte September) wesentlich geringere Auswirkungen auf den Ertrag und den Zuckergehalt der Rüben. Bei ausgesprochenen Spätinfektionen (September bis Oktober) ist eine Auswirkung auf den Rüben- und Zuckerertrag nicht mehr zu erwarten (Fritzsche, Kleinhempel 1984). Zu den im Komplex auf den Rüben- und Zuckerertrag wirkenden und mit der Virusinfektion in Zusammenhang stehenden Faktoren gehören auch die Aggressivität und Pathogenität des Virus bzw. Virusstammes, die Anfälligkeit der Pflanzen sowie das Pflanzenalter zur Zeit der Infektion (Wiesner 1959a).

In England rechnete man in den vierziger und fünfziger Jahren für jede Woche seit Sichtbarwerden der Symptome an der infizierten Pflanze mit einer Minderung des Zuckerertrages von 4–5% (Watson u. a. 1949, Hull 1951). Russell (1963a) fand dagegen bei gleichzeitiger Infektion der Rüben mit dem BMYV und dem BYV Verluste im Zuckergehalt von nur 1,5% je Woche und begründet diese Differenz zu den Befunden von Watson u. a. (1946) damit, daß deren Versuche mit einem besonders virulenten Stamm des BYV durchgeführt wurden. Bei späteren Untersuchungen stellte man fest, daß mit der Zunahme des BMYV in England gegenüber dem BYV die wöchentliche

Verlustrate abgenommen hat (Hull 1967). Heathcote (1978a, b) errechnet einen Ertragsrückgang bei infizierten Rübenpflanzen je „Symptomwoche" von 2,7%. Eine neuere zusammenfassende Darstellung aus England besagt, daß Pflanzen, die von beiden Viren infiziert worden sind, 3% ihres potentiellen Ertrages je Krankheitswoche zwischen dem Erscheinen der Symptome und der Ernte einbüßen. Dies bedeutet, daß bei 100%iger Vergilbung sämtlicher Pflanzen eines Bestandes Ende Juli mehr als 30% des Ertrages verloren gehen (Anonym 1981). Hierzu ist allerdings zu sagen, daß dieser Fall unter praktischen Bedingungen nur sehr selten vorkommt. In der Regel sind zu diesem Zeitpunkt auf den Feldern in unterschiedlicher Anzahl die typischen Vergilbungsnester zu sehen, wobei nur ein kleiner Teil der Pflanzen eines Bestandes als infiziert anzusehen ist, so daß die teilweise „beängstigenden Verlustzahlen an Aussagekraft für den Gesamtbestand verlieren" (Rieckmann 1980). Ähnliches gilt für die Vergilbungsherde in der Nähe von Futterrübenmieten (Steudel, Blaesen 1957). Allerdings ist nach unseren Untersuchungen, über die zu einem späteren Zeitpunkt berichtet wird, auf Grund der Testung von Rübenpflanzen mittels des ELISA zu allen Zeiten der Vegetationsperiode damit zu rechnen, daß symptomlose Pflanzen dennoch mit einem der beiden Viren oder mit beiden gleichzeitig infiziert sind. Über mögliche Ertrags- und Qualitätsminderungen bei symptomlos infizierten Pflanzen liegen bisher keinerlei Ergebnisse vor.

In Österreich (Wenzl, Fuchs 1953) war der Wurzelertrag bei kranken Rüben um 22,9%, der Zuckergehalt um 4,7% und der Zuckerertrag um 27,2% vermindert. Der Gehalt an schädlichem Stickstoff war bei kranken Rüben um 34,3% erhöht, das Blattgewicht um 9,9% vermindert. In Rübenbeständen mit einem Anteil von 10% vergilbungskranker Pflanzen werden die Ertrags- und Qualitätsverluste, besonders die Ausfälle an Rüben- und Zuckerertrag, auf etwa 2–4% geschätzt (Krexner 1979). Aus der ČSSR (Bojnansky, Kosljarova, Nagyova 1983) wird berichtet, daß die Ertragsminderungen im Rübensamenbau durch die Vergilbungsviren 29% und bei Mischinfektion mit dem Rübenmosaik-Virus (beet mosaic virus BMV) 38% betragen. Zu ähnlichen Ergebnissen kommt auch Wiesner (1959b, 1983). Dabei ist für die Zuckerrübenzüchtung bzw. für den Samenbau von besonderem Interesse, daß durch das BYV Pollensterilität verursacht werden kann. Dies wurde durch gleichzeitige Gegenwart bzw. Abwesenheit von BYV und Pollensterilität in Pflanzen von gleichem Material und das Verschwinden von beiden nach Meristemkultur nachgewiesen (Larsen 1981). Aus Untersuchungen in der DDR geht hervor, daß die Zuckerertragsverluste je Krankheitswoche, also je Woche mit typischen Blattsymptomen, bei Infektion Ende Juni 4,4%, Mitte Juli 3,6% und Anfang August 1,8% betragen (Wiesner 1974). In exakten Kleinversuchen, welche ausschließlich wissenschaftlich begründete Aussagen hierzu zulassen, wurde ermittelt, daß die Verluste, gemessen am Zuckerertrag, bei einem Erntetermin etwa Mitte September, im Vergleich zu nichtinfizierten Pflanzen

- 46,5% bei Infektionen Ende Mai,
- 32,7% bei Infektionen Ende Juni/Anfang Juli,
- 10,0% bei Infektionen Ende Juli/Anfang August

betragen (Fritzsche, Kleinhempel 1984). Werden die Rüben erst im September bis Oktober infiziert, so ist kaum mit nachteiligen Folgen zu rechnen. Im Jahre 1974 wurden in der DDR die mittleren Verluste des Zuckerertrages auf etwa 6%, im Hauptbefallsgebiet der virösen Rübenvergilbung auf etwa 12% geschätzt (Proeseler, Fritzsche 1980). Hinsichtlich der Verluste sind beide Viren etwa als gleichwertig anzusehen.

Besonders hoch ist die Schädigung, wenn eine Mischinfektion mit beiden Viren vorliegt, zu der vielfach noch Infektionen mit dem BMV sowie die Beeinflussung des Pflanzenwachstums durch weitere, Blattvergilbungen induzierende Faktoren hinzukommen. Zu der Infektion mit Vergilbungsviren kommt vielfach auch noch eine zusätzliche Infektion mit *Alternaria* sp. hinzu, welche die Leistungsfähigkeit der Rübe weiter einschränkt (Wiesner 1973, 1974, Hartleb 1975, Spaar u. a. 1975). In den Untersuchungen von Tamaki u. a. (1978) konnte eine signifikante Korrelation zwischen dem Prozentsatz infizierter Pflanzen im Bestand mit dem beet western yellows virus (BWYV) und dem BYV sowie mit *Myzus persicae* und dem Rüben- und Zuckerertrag ermittelt werden, wobei die Zuckerproduktion der mit beiden Viren infizierten Pflanzen zwischen 17 und 27% gemindert wurde.

Zu den Untersuchungen zur wirtschaftlichen Bedeutung der Vergilbungsviren muß kritisch gesagt werden, daß bei künstlichen Infektionsversuchen stets die Gefahr besteht, daß die Ergebnisse von den natürlichen Bedingungen abweichen können, so daß der Vergleich mit Praxisbedingungen zu Fehlschlüssen führen kann (Häni 1979). Im Großbestand ist der Anteil infizierter Pflanzen zu den einzelnen Infektionsterminen in Abhängigkeit von der Befallslage in den einzelnen Jahren sehr unterschiedlich und auch mit der zu bestimmten Zeiten durchgeführten stichprobenartigen Symptombonitur nicht zu erfassen. Die gesamte Dynamik des Infektionsgeschehens ist mit den gegenwärtig zur Verfügung stehenden Datenerfassungsmöglichkeiten nicht charakterisierbar. Vorausgesetzt werden muß bei Bestandesbonituren stets die einwandfreie Diagnose, welche zur Zeit nur als Symptombonitur unter Praxisbedingungen realisierbar ist. Auf die Problematik der Diagnose auf Grund der Blattsymptome wurde jedoch bereits hingewiesen. Es kann nicht nachdrücklich genug gesagt werden, daß allein durch Ertragsvergleiche unterschiedlich vergilbte Bestände (virusbedingte Vergilbung vorausgesetzt) auf die durch viröse Vergilbung verursachten Ertragsminderungen auf keinen Fall geschlossen werden kann. Dies trifft noch viel mehr für den Vergleich unterschiedlich befallener Territorien zu. Daß der prozentuale Virusbefall und Ertrag auf Großflächen, falls es sich nicht um exakte Vergleichsversuche handelt, in keiner Weise korrelieren, beweisen statistische Erhebungen in einem Kreis des Hauptbefallsgebietes des Bezirkes Magdeburg (Tab. 1) (Fritzsche, Kleinhempel 1984):

Tab. 1. Vergleich der Zuckerrübenerträge in dt/ha und des prozentualen Befalls mit viröser Vergilbung im September, Durchschnitt des Kreises Wanzleben Bezirk Magdeburg 1977 bis 1981

Jahr	Kreisdurchschnitt Ertrag dt/ha	% viröse Vergilbung Mitte September
1977	370	5,3
1978	359	55,7
1979	307	31,7
1980	390	17,2
1981	399	76,2

Ähnliches gilt auch für den Vergleich zwischen Vergilbungsauftreten und Rübenertrag innerhalb des Territoriums eines Bezirkes (Tab. 2).
(Das Material wurde freundlicherweise durch die Pflanzenschutzinspektion des Rates des Bezirkes Halle zur Verfügung gestellt)

Tab. 2. Vergleich der Zuckerrübenerträge in dt/ha und des prozentualen Befalls mit viröser Vergilbung im September, Durchschnitt des Bezirkes Halle 1977 bis 1984

Jahr	Bezirksdurchschnitt Ertrag dt/ha	% viröse Vergilbung Mitte September
1977	359	13,0
1978	295	15,1
1979	268	17,2
1980	325	19,4
1981	313	50,4
1982	270	29,0
1983	253	22,6
1984	341	19,1

Aber auch innerhalb eines Landwirtschaftsbetriebes lassen sich durch Vergleich des Vergilbungsbefalls der Einzelschläge keine Rückschlüsse auf die durch viröse Vergilbung verursachten Ertragsverluste ziehen. Dies wird aus den Erhebungen innerhalb eines Jahres mit starkem Vergilbungsbefall (1981) im Kreis Aschersleben, Bezirk Halle, deutlich (Tab. 3). Abschließend zu diesem Problem sei noch, wie bereits angedeutet, darauf hingewiesen, daß sich neben der direkten Schädigung hinsichtlich des Ertrages die Vergilbungsviren auch auf den technologischen Wert der Zuckerrüben auswirken. Sowohl der Gehalt an löslicher Asche als auch an schädlichem Stickstoff werden erhöht (PROESELER, FRITZSCHE 1980, RIMSA, JILKOVÁ, PETRÁK 1978). Dadurch wird die Menge an gewinnbarem Zucker vermindert.

Tab. 3. Vergilbungsbefall und Erträge 1981 in einem Landwirtschaftsbetrieb des Kreises Aschersleben, Bezirk Halle

Schlagnummer	Ertrag dt/ja	% Vergilbung Mitte September
1	380	75
2	421	75
3	522	75
4	389	80
5	391	50

3. Symptome der Vergilbungsviren

Ähnlich wie bei anderen Kulturpflanzen müssen Vergilbungserscheinungen an der Beta-Rübe nicht virusbedingt sein, sondern können in Abhängigkeit vom Standort und Anbaujahr besonders durch folgende weitere Faktoren verursacht werden:

- anhaltende Trockenheit
- Befall durch den Echten Mehltau (*Erysiphe betae*)
- Nematodenbefall
- Mangel an Magnesium oder Mangan
- Herbizidrückstände im Boden

Die hierdurch hervorgerufenen Vergilbungserscheinungen ähneln vielfach den Virussymptomen so weit, daß eine Diagnose auf Grund des Krankheitsbildes nur sehr schwer oder überhaupt nicht möglich ist. Dieser Umstand trifft besonders für Spätvergilbungen ab Mitte September zu. Außerdem wirkt sich komplizierend aus, daß vielfach ein Faktorenkomplex die Rübenvergilbung im Feldbestand hervorruft. Die Befallserhebungen über das Vorkommen der Vergilbungsviren sind daher mit objektiv bedingten Fehldiagnosen behaftet, die im langjährigen Mittel auf etwa 20% geschätzt werden (Fritzsche, Kleinhempel 1984). Die durch BMYV und BYV bedingten Krankheitsbilder sind sich sehr ähnlich. Aus diesem Grunde wurde erst im Jahre 1958 festgestellt, daß die Rübenvergilbung durch zwei verschiedene Viren verursacht wird (Russell 1958). Unabhängig davon, durch welches Virus eine Infektion erfolgt ist, sind die Blätter durch die Anhäufung von Monosacchariden selbst bei trockener Witterung auffallend turgeszent und brüchig.

Tab. 4

Jahr	untersuchte Pflanzen mit Vergilbungserscheinungen	ELISA BMYV %	BYV %	beide Viren %	kein Virusnachweis
1981	1043	60	8	7	25
1982	1112	54	5	3	38
1983	1388	53	11	8	28
1984	703	47	9	1	43

Ähnlich wie in der DDR überwiegt auch in Großbritannien (DUNNING, SMITH, mündliche Mitteilung 1985) der relative Anteil des Milden Rübenvergilbungs-Virus (BMYV) an der Gesamtvergilbung, d. h. das Nekrotische Rübenvergilbungs-Virus (BYV) ist als alleinige Vergilbungsursache sehr viel seltener festzustellen. In mehrjährigen ELISA-Untersuchngen an Rüben in Feldbeständen konnten von DUNNING, SMITH (mündliche Mitteilungen 1985) die Ergebnisse erzielt werden, die in der Tabelle 4 dargestellt sind. Auffällig ist der sehr hohe Anteil nichtvirusbedingter (1984!) Vergilbungen. Dies deckt sich mit den bereits genannten Beobachtungen in der DDR (FRITZSCHE, KLEINHEMPEL 1984), wofür als Erläuterung einige der umfangreichen Bestandeskontrollen im Hauptbefallsgebiet der virösen Rübenvergilbung in den ausgesprochenen Vergilbungsjahren 1982–1983 in der DDR angeführt werden sollten (Tab. 5).

Tab. 5

Schlag	Mitte September % vergilbter Pflanzen BMYV	BYV	beide Viren	kein Virusnachweis
A	43	11	6	17
B	37	6	9	11
C	53	16	11	8
D	38	7	3	28
E	17	9	6	10
F	4	1	0	9

3.1. Mildes Rübenvergilbungs-Virus

Auf Beta-Rüben verursacht das BMYV im Gegensatz zum BYV keine Adernaufhellungen und keine Nekrosen (Tab. 4). Nach einer Inkubationszeit von etwa 4 Wochen vergilben an den älteren Blättern, von der Spitze beginnend, die Interkostalbereiche. Die Blattadern und das unmittelbar angrenzende Gewebe bleiben grün. Die Vergilbung ist nicht immer deutlich ausgeprägt, sondern kann sich auch als schwache, hellgrüne bis gelbe Scheckung äußern, wobei die Adernbereiche ebenfalls grün bleiben. Besonders typisch für das BMYV sind im fortgeschrittenen Stadium der Erkrankung intensive orangegelbe Verfärbungen auf den älteren und mittleren Blättern sowie ein bevorzugter Sekundärbefall durch *Alternaria tenuis*. Die hierdurch geschädigten Blattbereiche nekrotisieren und sterben vorzeitig ab. Unter Gewächshausbedingungen ruft das BMYV auf Rübenpflanzen nur zögernd und schlecht differenzierbare Vergilbungssymptome hervor, was in erster Linie auf die Lichtverhältnisse zurückgeführt wird (JADOT 1975, THIELEMANN, NAGI 1979). Dieser Sachverhalt trifft auch für das Westliche Rübenvergilbungs-Virus zu. Rüben-, Salat- und Spinatpflanzen, die am Feldrand durch hohe Bäume beschattet werden, bleiben trotz Infektion grün, während die infizierten Pflanzen im Bestandesinnern typische Virussymptome zeigen (ROCHOW und DUFFUS 1981).

Die Symptome des BMYV an Zuckerrüben sind besonders intensiv, wenn im Boden ein mittlerer oder geringer Mangan-Gehalt vorliegt. Andererseits kann durch Spritzungen mit $KMnO_2$ die Intensität der virusbedingten Vergilbungserscheinungen vermindert werden (FRITZSCHE, THIELE 1984).

Zum Nachweis des BMYV eignen sich unter den Testpflanzen besonders *Capsella bursa-pastoris*, *Claytonia perfoliata* und *Sinapis alba*. Die Pflanzenarten werden alle systemisch infiziert. Während viele andere phytopathogene Viren die ersten Symptome an den jüngsten Blättern hervorrufen, reagieren die genannten Testpflanzenarten auf eine Infektion mit dem BMYV, indem sich zunächst die älteren Blätter oder Keimblätter rotviolett bis blau verfärben. Teilweise beschränken sich die Verfärbungen auf die Blattunterseite. Der Blattrand kann vergilben und das gesamte Blatt wird dicker bzw. brüchig. Die Krankheit schreitet von den unteren zu den oberen bzw. von den äußeren zu den inneren Blättern fort. Teilweise sterben die betroffenen Blätter vorzeitig ab und die Pflanzen bleiben im Wuchs zurück (HARTLEB 1976).

3.2. Nekrotisches Rübenvergilbungs-Virus

Das BYV verursacht zunächst an den jüngsten Rübenblättern eine Aufhellung oder Gelbfärbung der Adern. Auf der Blattunterseite sind die Adern nicht selten eingesunken, so daß man von einem sogenannten „Preßmuster" spricht. Später vergilben die älteren und mittleren Blätter, wobei der Gelbton im allgemeinen nicht die leuchtende Farbintensität erreicht wie bei einer Infektion durch das BMYV. Die vergilbten Bereiche können durch Hauptadern des Blattes begrenzt sein. Bald nach dem Vergilben sind auch punkt- oder strichelförmige rötliche oder braune Nekrosen auf den älteren Blättern zu beobachten, die ihnen ein bronzefarbenes Aussehen verleihen.

Die für das BYV geeigneten Indikatorpflanzen reagieren mit folgenden Symptomen:

Chenopodium capitatum

Adernaufhellung, Blattverformung, großflächige Chlorosen auf den Interkostalfeldern, Rotfärbung der älteren Blätter, starke Wuchsminderung bis zum völligen Absterben

Chenopodium foliosum

Adernaufhellung, Kräuselung und Nekrosen der Herzblätter, Stauchung und meist vorzeitiges Absterben

Chenopodium quinoa

nekrotische Lokalläsionen mit chlorotischem Hof auf den abgeriebenen Blättern

Claytonia perfoliata

systemische, rot umrandete nekrotische Flecken und Chlorosen auf den Blättern und Blattstielen

Tetragonia expansa

Adernaufhellung, Interkostalfelder vergilben, Pflanzen verzwergen

(WIESNER 1967, DUFFUS 1973, SCHMELZER, HARTLEB 1977).

Ein und dieselbe Rübenpflanze kann im Freiland nicht nur durch das BMYV und/oder BYV sondern zusätzlich durch das Rübenmosaik-(BMV) bzw. an wenigen Standorten in der DDR gelegentlich auch durch das Rübenkräusel-Virus (BLCV) infiziert sein. Um eine Diagnose derartiger Mischinfektionen zu erleichtern, sind die Symptome dieser beiden Viren in Tabelle 6 ebenfalls angegeben.

Tab. 6. Symptome der Rübenvirosen

Nekrotisches Rübenvergilbungs-Virus

— Adernaufhellung auf jüngsten Blättern, Preßmuster auf Blattunterseite
— Vergilben auf älteren und mittleren Blättern
— Nekrosen auf vergilbten Blättern
— erhöhte Turgeszenz

Mildes Rübenvergilbungs-Virus

— kräftige gelbe bis organgegelbe Verfärbungen auf den älteren und mittleren Blättern
— erhöhte Turgeszenz
— bevorzugter Befall der gelben Blätter durch *Alternaria*

Rübenmosaik-Virus

— Adernaufhellung auf jüngsten Blättern
— Mosaiksymptome = Wechsel von unregelmäßig geformten hellgrünen bzw. gelben und dunkelgrünen Flecken auf den jungen und mittleren Blättern

Rübenkräusel-Virus

— Adernaufhellung auf jüngsten Blättern
— Kräuseln und Verdrehen der Blätter (Salatkopf)

3.3. Differentialdiagnose der Vergilbungsviren und weiterer Viren der Beta-Rübe

Die beschriebenen Symptome an natürlich infizierten Rübenpflanzen im Freiland und ausgewählten Testpflanzen im Gewächshaus ermöglichen bereits eine weitgehende Differenzierung. Unter besonderer Beachtung der verschiedenen Übertragungsmechanismen der einzelnen Rübenviren und der Auswahl von Indikatorpflanzen kann im

Tab. 7. Differenzierung der Rübenviren

Virus	Vektor	Übertragung durch den Vektor	mechanische Inokulation	Differentialwirte
Mildes Rübenvergilbungs-Virus	*Myzus persicae* (*Aphis fabae*) u. a.	persistent	—[1]	*Capsella bursa-pastoris* *Crambe abyssinica* *Physalis floridana*
Nekrotisches Rübenvergilbungs-Virus	*Myzus persicae* *Aphis fabae* u. a.	semipersistent	+	*Chenopodium capitatum* *Chenopodium foliosum*
Rübenmosaik-Virus	*Myzus persicae* *Aphis fabae* u. a.	nichtpersistent	+	*Petunia hybrida*
Rübenkräusel-Virus	*Piesma quadratum*	persistent	—	*Beta vulgaris*

[1]) — nicht möglich; + möglich

Zweifelsfall eine gezielte Identifizierung und Trennung vorgenommen werden. Einige Hinweise hierzu sind der Tabelle 7 zu entnehmen.

Hauptanliegen wird zunächst eine Differenzierung zwischen BMYV und BYV sein. Während *Sinapis alba* als latenter Wirt des BYV gilt (Chevallier, Putz 1982), werden *Capsella bursa-pastoris*, *Crambe abyssinica* und *Physalis floridana* nur durch das BMYV infiziert. *Claytonia perfoliata* reagiert auf beide Vergilbungsviren mit Symptomen, die sich jedoch unterscheiden lassen (siehe 3.1. und 3.2.).

Die Eignung von *Tetragonia expansa* als spezifischer Indikator für das BYV erscheint zweifelhaft, da diese Art wiederholt auch als Wirtspflanze des BMYV bzw. Westlichen Rübenvergilbungs-Virus (BWYV) bestätigt wurde (Björling, Nilsson 1966, Duffus 1973, Hartleb 1976). Es wird deshalb empfohlen, das BYV mit *Chenopodium capitatum* oder *C. foliosum* nachzuweisen (Polák 1971b).

Beide Arten reagieren mit den unter 3.2. angegebenen Symptomen.

Zu berücksichtigen ist jedoch, daß die Trennung von BYV und BMV auf biologischem Wege insofern erschwert ist, daß für beide Viren vielfach die gleichen Indikatorpflanzen geeignet sind. *C. foliosum* und *C. quinoa* sind anfällig gegen BYV und BMV. Das BMV erschwert z. B. den spezifischen Nachweis des BYV durch *C. quinoa*, da die Pflanzen teilweise bereits vor dem Erscheinen der Symptome des BYV bedingt durch die gleichzeitige Infektion mit dem BMV absterben (Fuchs u. a. 1979). *Petunia hybrida* kann dagegen nach den bisherigen Kenntnissen nur durch das BMV, nicht aber durch das BMYV und BYV infiziert werden. Diese Art reagiert auf das BMV mit lokalen chlorotischen Flecken.

Die Diagnose und Isolierung der BLCV aus Virusgemischen ist allein auf Grund seiner spezifischen Übertragung durch *Piesma quadratum* gewährleistet.

Es muß abschließend eingeschätzt werden, daß die biologische Differenzierung der Rübenviren nicht nur zeitaufwendig sondern vielfach auch unsicher ist. Serologische und elektronenmikroskopische Nachweismethoden sind deshalb in letzter Zeit bedeutungsvoller geworden.

4. Serologische und elektromikroskopische Diagnose der Vergilbungs-Viren

4.1. Vermehrung und Reinigung der Viren

4.1.1. Mildes Rübenvergilbungs-Virus

Das Milde Rübenvergilbungs-Virus (BMYV) gehört in die Gruppe der Luteoviren. Seine serologische und elektronenmikroskopische Diagnose war bis vor wenigen Jahren aus folgenden Gründen nicht möglich:

- das Virus kommt in den Pflanzen in geringer Konzentration vor,
- das Virus ist nur im schwer aufschließbaren Phloem lokalisiert,
- das Virus besitzt kleine isometrische Partikeln, die leicht mit Zellorganellen verwechselt werden können,
- in verschiedenen Wirten des Virus (Beta-Rübe, *Sinapis alba*) können gleichzeitig neben den Partikeln des BMYV morphologisch ähnliche Partikeln von latenten Viren vorkommen.

Virusvermehrung: Als besonders geeignet für die Vermehrung des BMYV hat sich *Claytonia perfoliata* erwiesen. Diese Pflanzenart ist nach bisherigen Kontrollen frei von unerwünschten latenten Viren. Zur Inokulation werden virusfreie *Myzus persicae* für 24 Stunden auf infizierte Zuckerrüben- oder Senfpflanzen und danach in Gruppen von je 10 Aphiden/Pflanze für 48—72 Stunden an virusfreien *C. perfoliata* gehalten. Die Infektion der Pflanzen gelingt noch besser, wenn die zur Inokulation verwendeten Blattläuse nicht nur 24 Stunden Gelegenheit zur Virusakquisition haben, sondern über Tage und Wochen auf virusinfizierten Pflanzen vermehrt worden sind. Nach Abschluß der Infektionssaugzeit sind die Blattläuse mit einem Insektizid (z. B. Pirimicarb) abzutöten. Die Vermehrung des BMYV in *C. perfoliata* erfolgt offenbar am günstigsten, wenn die Pflanzen bis zur Ernte unter konstanten Bedingungen in einer Klimakammer gehalten werden. Im Gewächshaus oder Kalthaus kultivierte Pflanzen sind weniger geeignet. In der Klimakammer haben sich folgende Kriterien bewährt: Belichtung 12 Stunden, Temperatur und Feuchte bei Belichtung 18 °C und 60—75%, Lichtintensität etwa 5 klx, bei Dunkelheit Temperatur 15 °C und 75—95% relative Feuchte.

Etwa 3 Wochen nach der Inokulation treten die ersten Virussymptome auf, indem sich einige Außenblätter anthocyanartig verfärben. Die Ernte kann nach 5—6 Wochen erfolgen. In Abhängigkeit von den Haltungsbedingungen geben andere Autoren eine Zeitdauer von nur 10—20 Tagen bzw. 3—4 Wochen an. Temperaturen von 27 ± 5 °C ergeben eine sehr geringe Virusausbeute (D'Arcy u. a. 1983, Chevallier-Bosdevesy 1983).

Unter den vorher genannten Bedingungen erreichen *Capsella bursa-pastoris*, *Crambe abyssinica*, *Physalis floridana*, *Senecio vulgaris* und *Spinacia oleracea* nicht die Wuchsleistung von *Claytonia perfoliata* (Tab. 8).

Tab. 8. Wuchsleistung verschiedener Pflanzenarten infiziert mit dem BMYV unter kontrollierten Bedingungen im Verlauf von 6 Wochen

Pflanzenart	Pflanzengewicht g/m²
Claytonia perfoliata	1650
Crambe abyssinica	1275
Senecia vulgaris	810
Capsella bursa-pastoris	770
Spinacia oleracea	720
Physalis floridana	500

Außerdem ergibt nach der von KÜHNE u. a. (1985) beschriebenen Methode zur Reinigung des BMYV keine Pflanzenart eine höhere Virusausbeute. *S. oleracea* ist in dieser Hinsicht *C. perfoliata* etwa gleichwertig, während *C. bursa-pastoris*, *C. abyssinica* und *P. floridana* deutlich darunter liegen. Aus *S. vulgaris* wird, bezogen auf *C. perfoliata*, weniger als 10% BMYV isoliert (PROESELER u. a. 1985). Die infizierten *Claytonia*-Pflanzen müssen nicht unmittelbar nach der Ernte aufgearbeitet werden, sondern können bei −20 °C mindestens 7 Monate gelagert werden, ohne daß die Virusausbeute beeinträchtigt wird.

Virusreinigung: WATERHOUSE, MURANT (1981) beschrieben eine Methode zur Reinigung des Möhrenrotblättrigkeits-Virus. Diese Methode ist in abgewandelter Form auch für das BMYV geeignet (KÜHNE u. a. 1985). Die Reinigung untergliedert sich in folgende Teilschritte:

- 500 g *Claytonia perfoliata* (Blätter und Stengel) unter Zusatz von 1000 ml 0,01 M Citratpuffer mit 0,1% Thioglycolsäure, 0,001 M EDTA und 0,02% Natriumazid, pH 6,0 (Puffer 1) homogenisiert,
- Homogenat im Unterdruck entschäumen,
- Zentrifugation (20 min, 1500 g, 5 °C),
- Sediment in 800 ml Puffer 1 resuspendieren,
- Zugabe von 100 ml Enzympräparat HuPc (Kulturfiltrat von *Penicillium citreoviride*) auf pH 5,7 einstellen und 15−18 Stunden bei 25−29 °C schütteln,
- Zugabe von 1,5% Präwozell N 9 und 30 min bei Raumtemperatur rühren,
- Schütteln mit 1/4 Vol. Chloroform,
- Zentrifugation (15 min, 1500 g, 20 °C),
- Ultrazentrifugation (2,5 h, 80000 g, 5 °C),
- Sediment in 60 ml 0,05 M Kalium-Phosphatpuffer mit 1% Triton X-100, pH 7,0 aufnehmen und 1 h bei Raumtemperatur rühren,
- 15 Stunden bei 5 °C aufbewahren,
- Zentrifugation (10 min, 12000 g, 20 °C),
- Sedimente in 12 ml Phosphatpuffer resuspendieren,
- Zentrifugation (10 min, 12000 g, 20 °C),
- Von den beiden Überständen in jeden Zentrifugenbecher 18 ml füllen und mit 15 ml 20%iger (w/v) Rohrzuckerlösung (0,05 M Kalium-Phosphatpuffer pH 7,0) unterschichten,
- Ultrazentrifugation (3 h, 110000 g, 5°C),

- Sedimente in 2,5 ml Phosphatpuffer pH 7,0 aufnehmen und 15 Stunden dialysieren gegen das gleiche Medium,
- Zentrifugation (10 min, 12000 g, 20 °C),
- Nachextraktion der nichtgelösten Bestandteile mit 1 ml Puffer,
- Zentrifugation durch einen linearen Saccharosedichtegradienten (10—50% w/v in 0,05 M Kalium-Phosphatpuffer pH 7,0; 2,5 h, 10 °C, 65000 g, SW 28),
- Fraktionierung des Gradienten,
- Entfernung der Saccharose mittels Gelfiltration durch Epidex B 2,
- UV-Absorptionsmessung.

Der Saccharosegradient enthält nach Zentrifugation des teilgereinigten BMYV eine lichtstreuende Zone, die mit der UV-absorbierenden Fraktion übereinstimmt. Kontrollaufarbeitungen von virusfreien *Claytonia perfoliata* dürfen im Dichtegradienten weder eine lichtstreuende Bande ergeben, noch im entsprechenden Becherbereich Viruspartikeln enthalten. Das beschriebene Reinigungsverfahren ermöglicht es, aus 1 kg infizierter *Claytonia*-Pflanzen zwischen 0,5 und 1,0 mg BMYV zu isolieren.

Für die Virusausbeute und -reinheit ist der Einsatz des Enzympräparates in Verbindung mit 0,01 M Citratpuffer bei pH 5,7 am günstigsten. Eine höhere Molarität des Puffers bzw. ein höherer oder niedrigerer pH-Wert beeinträchtigen insbesondere die Reinheit des Endpräparates (Tab. 9). Die Dauer der Enzymeinwirkung beträgt lediglich aus arbeitstechnischen Gründen 15—18 Stunden. Durch vergleichende Untersuchungen wurde ermittelt, daß eine Aufschlußzeit von 6 Stunden genügt, während nur 4 Stunden unzureichend sind. Triton X-100 kann durch das DDR-Produkt Präwozell N9 (VEB Chemische Werke Buna) ersetzt werden. Das Homogenat muß jedoch nach Zugabe von Präwozell nicht mit 1/4 Vol. Chloroform geschüttelt werden.

Tab. 9. Virusausbeute und Reinheit der BMYV-Präparate in Abhängigkeit vom Puffer beim enzymatischen Aufschluß von *Claytonia perfoliata*

Puffer	pH-Wert		Ausbeute	Reinheit y)
	vor Enzym-aufschluß	nach Enzym-aufschluß		
0,1 M Citratpuffer	6,0	6,0	+++ x)	+
0,01 M Citratpuffer	6,0	5,7	+++	++
0,01 M Citratpuffer	5,7	5,5	+++	+++
0,01 M Citratpuffer	5,0	4,6	+	++

x) +++ = gut
++ = mäßig
= + schlecht
(nach KÜHNE u. a. 1985)

y) im Elektronenmikroskop ermittelt

Die erwähnte Aggregation der Viruspartikeln im saccharosefreien Endpräparat ist abhängig von der Temperatur. Bei 4 °C, nicht jedoch bei 25 °C, präzipitiert der größte Teil des BMYV. Nur nach kurzer Kälteeinwirkung (bis zu 1 h) ist die Trübung teilweise reversibel. Diese Verluste sind vermeidbar, wenn das gereinigte Virus bis zur weiteren Verarbeitung in saccharosehaltigem Puffer aufbewahrt wird.

4.1.2. Nekrotisches Rübenvergilbungs-Virus

Das Nekrotische Rübenvergilbungs-Virus (BYV) ist das Typ-Virus der Closterovirus-Gruppe. Im Vergleich zum BMYV ist es experimentell leichter zu bearbeiten. Demzufolge haben Kleczkowski, Watson bereits im Jahre 1944 über das erste Antiserum zum Nachweis des BYV berichtet.

Die Virusvermehrung erfolgt vorrangig auf *Tetragonia expansa*. Daneben sind *Claytonia perfoliata*, *Nicotiana clevelandii* und andere Pflanzenarten geeignet. Die Virusinokulation gelingt mit Blattläusen sicherer als durch Preßsaftabreibung. Optimale Zeiten für Virusakquisition bzw. -infektion durch *Myzus persicae* sind 12 bzw. 48 Stunden. Auf Grund der Partikelmorphologie haben sich zur Reinigung des BYV schonende Verfahren verbunden mit Ultrazentrifugation bei nicht zu hohen g-Werten bewährt. Erfahrungen liegen besonders von Bar-Joseph, Hull (1974), Fuchs u. a. (1977) sowie Kassanis u. a. (1977) vor. Die höchste Virusausbeute und -reinheit ist nach der Methode von Kassanis u. a. (1977) erreichbar, weshalb im folgenden die einzelnen Reinigungsschritte angegeben werden:

- 2–3 Wochen nach der Inokulation werden die Blätter von infizierten Pflanzen in der Reibschale unter Zusatz von 0,1 M Ammoniumacetat pH 7,0 mit 0,02 M EDTA und 0,02 M Natriumdiethyldithiocarbamat (3 ml/g Blattmasse) zerkleinert,
- Klärung des Saftes durch Zentrifugation,
- Zugabe von 2,5% Triton X-100 und 30 min rühren,
- Ultrazentrifugation (1,5 h, 35000 g),
- Sedimente in 0,01 M Boratpuffer (1/3 des Ausgangsvolumens), pH 7,8 bei 5 °C im Verlauf von 2–3 Tagen durch Schütteln resuspendieren,
- Zentrifugation (5 min, 9000 g),
- Ultrazentrifugation (1,5 h, 35000 g),
- Sedimente in 0,01 M Boratpuffer (1/10 des Ausgangsvolumens), pH 7,8 bei 5 °C im Verlauf von 2–3 Tagen durch Schütteln resuspendieren,
- Zentrifugation (5 min, 9000 g).

Für das Resuspendieren sind der lange Zeitraum von 2–3 Tagen und eine relativ große Puffermenge erforderlich, um eine Virusaggregation und Verluste während der Klärung zu vermeiden. Aus 100 g Blattmasse können etwa 20 mg Virus extrahiert werden.

Die langen Viruspartikeln zerfallen während der Reinigung leicht in Bruchstücke. Aus diesem Grunde wird zum Zerkleinern der infizierten Blattmasse vorzugsweise die Reibschale und nicht ein Homogenisator verwendet.

Tetrachlormethan und Bentonit sind für die Reinigung des BYV ungeeignet. Eine zusätzliche Dichtegradientenzentrifugation in Caesiumchlorid verbessert zwar die Reinheit der Präparate, jedoch sind die Partikeln überwiegend nicht mehr intakt (Chevallier-Bosdevesy 1983).

4.2. Herstellung und Erprobung von Antiseren

4.2.1. Mildes Rübenvergilbungs-Virus

Zur Herstellung von polyklonalen Antiseren gegen das BMYV hat es sich bewährt, das gereinigte Virus mit ansteigenden Konzentrationen (60—120 μg) im Abstand von 3 bis 4 Tagen fünfmal intravenös in Kaninchen zu injizieren. Nach 3—5 Monaten ist eine intramuskuläre Nachinjektion unter Verwendung von Freundschem Adjuvans complete vorzunehmen. Um den günstigsten Zeitpunkt der Nachinjektion zu ermitteln, wird der Serumtiter mit Hilfe des Agargel-Doppeldiffusionstests kontrolliert. Erst wenn nach der ersten intravenösen Injektionsserie der Titer deutlich abgefallen ist, soll die intramuskuläre Booster-Injektion erfolgen. Zwei bis drei Wochen später können im allgemeinen Titerwerte von 1:256 — 1:1024 erreicht werden (Kühne u. a. 1985). Ein etwas abweichendes Injektionsschema beschreibt Chevallier-Bosdevesy (1983). Danach werden 20—130 μg BMYV mit Freundschem Adjuvans incomplete sechsmal im wöchentlichen Abstand intramuskulär injiziert. Am 8. Tag nach der letzten Injektion erfolgt die Blutentnahme aus dem Ohr der Kaninchen. Die gewonnenen Antiseren werden im Hinblick auf ihre Eignung für den ELISA geprüft. Bewährt hat sich die Doppelantikörper-Sandwich-Variante nach Clark, Adams (1977). Als Markerenzym dient im allgemeinen alkalische Phosphatase. Zur Beurteilung werden Rohextrakte von infizierten Pflanzen und Verdünnungsreihen von gereinigtem Virus verwendet. Die Nachweisgrenze liegt bei 1—10 μg/ml. Für Routineuntersuchungen von Pflanzenextrakten ist eine Verdünnung von 1:20 für die Extrakte und von 1:1000 für die Stammkonjugate sowie eine Konzentration von 1 μg/ml für die zum Coating verwendeten Immunglobuline zu empfehlen. Chevallier-Bosdevesy (1983) gibt als optimale Werte eine Globulinkonzentration von 1,66 μg/ml und eine Verdünnung des Konjugats von 1:400 an. Die Seren werden bei —20 °C aufbewahrt. Die Präparate der Konjugate und der Immunglobuline sind fast ein Jahr stabil.

Für die Gewinnung monoklonaler Antikörper werden BALB/c-Mäuse im Abstand von 8 Wochen mit gereinigtem BMYV (emulgiert in komplettem Freundschem Adjuvans) immunisiert. Nach weiteren zwei Wochen ist eine intravenöse Booster-Injektion mit 50 μg Virus vorzunehmen. Drei bis vier Tage später werden die Milzzellen mit Myelomzellen z. B. der Linie X 63-Ag. 8.6.5.3. unter Verwendung von Polyäthylenglykol 1500 fusioniert. Die weiteren Schritte der Produktion von Hybridomen entsprechen den allgemein bekannten Methoden der Hybridomtechnik. Die spezifischen Antikörper produzierenden Hybridome können mit einem indirekten ELISA unter Verwendung von PVC-Tiefziehblistern selektiert werden, bei dem die Träger entweder direkt mit gereinigtem Virus beschichtet (1 μg BMYV/ml, Inkubation 16 Stunden bei 4 °C) oder bei nachfolgender serologischer Bindung des BMYV aus Preßsaft von experimentell infizierten *Claytonia perfoliata* mit Kaninchen-anti-BMYV-IgG vorbeschichtet werden. Beide Varianten unterscheiden sich nicht wesentlich. Die zweite Variante ist insofern vorteilhafter, als kein gereinigtes BMYV erforderlich ist. Die gebundenen Antikörper werden mit markiertem Ziege-anti-Maus-IgG bestimmt, wobei alkalische Phosphatase als Enzym und p-Nitrophenylphoshat als Substrat verwendet werden.

Für den Einsatz von monoklonalen Antikörpern zur serienmäßigen Diagnose des BMYV in infizierten Pflanzen mit dem direkten Doppelantikörper-Sandwich-ELISA müssen nach dem üblichen Verfahren (Fällung mit Ammoniumsulfat, Fraktionierung über DEAE-Zellulose) die Immunglobuline aus der Ascitesflüssigkeit von Mäusen gereinigt und mit alkalischer Phosphatase konjugiert werden. Die Ascitesflüssigkeit wird durch intraperitoneale Injektion von histokompatiblen Mäusen mit etwa 1×10^7 Hybridomzellen erhalten. Der Vergleich mit polyklonalen Antikörpern aus Kaninchen beweist, daß der Virusnachweis ebenso mit monoklonalen Antikörpern möglich ist. Diese besitzen den Vorteil der einheitlichen Spezifität, da sie nur mit einem Epitop reagieren und theoretisch in unbegrenzter Menge produziert werden können (RABENSTEIN u. a. 1984).

4.2.2. Nekrotisches Rübenvergilbungs-Virus

Zur Herstellung von Antiseren gegen das BYV haben FUCHS u. a. (1977) die Kaninchen wie folgt immunisiert:
Im Verlauf von 2—3 Wochen erhalten die Tiere 5 intramuskuläre Injektionen von jeweils 1,5—2 ml eines teilgereinigten Viruspräparates in jeden Schenkel. Das Antigen wird im Verhältnis 1:1 mit Bacto Adjuvans complete emulgiert. Acht Tage nach der letzten Injektion entnimmt man das erste Blut. Die gewonnenen Antiseren sind für den Latex-Text und teilweise auch für den ELISA geeignet. Das unter 4.2.1. beschriebene Injektionsschema eignet sich auch, um Antiseren gegen das BYV zu gewinnen. In ähnlicher Weise empfiehlt CHEVALLIER-BOSDEVESY (1983) 6 intramuskuläre Injektionen mit 0,5—1,5 mg Virus/Injektion in wöchentlichen Intervallen.

Der Titer der Antiseren kann mit dem Mikropräzipitintropfentest bestimmt werden. Werte von 1:256 bis 1:1024 sind erreichbar. Die erhaltenen Antiseren sind im allgemeinen für den ELISA verwendbar.

Die Nachweisgrenze liegt in günstigen Fällen unter 10 ng Virus/ml. Eine Globulin-Konzentration von 0,83 μg/ml und eine Verdünnung des Konjugats von 1:600 werden als optimal angegeben.

4.3. Serologischer Virusnachweis in der Pflanze

4.3.1. Mildes Rübenvergilbungs-Virus

Der Agargeldoppeldiffusionstest kann lediglich zur Titerbestimmung der Antiseren gegen das BMYV verwendet werden. Zum Virusnachweis im Rohsaft ist er dagegen nicht empfindlich genug. Hierfür ist der ELISA geeignet, der sich durch folgende Vorteile auszeichnet:

- hohe Empfindlichkeit,
- Antiseren können stark verdünnt angewandt werden,
- schnelle Diagnose von zahlreichen Proben.

Grundsätzlich reagieren Antiseren gegen das BMYV nicht mit Antigenen des BYV und umgekehrt, so daß eine spezifische Diagnose jedes der beiden Vergilbungsviren gewährleistet ist.

Mit dem ELISA kann das BMYV im allgemeinen in allen Wirtspflanzen (Kulturpflanzen und Unkräutern) nachgewiesen werden. Die in der Vergangenheit durch den biologischen Test ermittelten Befunde zum Wirtspflanzenkreis konnten durch die serologischen Untersuchungen bestätigt werden.

Von besonderem Interesse ist ein sicherer Virusnachweis in Beta-Rüben. Nach den bisherigen Befunden nimmt im allgemeinen die Viruskonzentration bei älteren und mittleren Blättern von der Spitze zur Basis zu. Der obere und untere Stengelbereich ist der Blattbasis kaum unterlegen. An ein und derselben Pflanze ergeben ältere und mittlere Blätter mit Symptomen des BMYV höhere Extinktionen als alte sowie mittlere, jüngere und jüngste Blätter ohne Symptome (Tab. 10). Von dieser Tendenz sind unabhängig vom Monat der Untersuchung verschiedene Abweichungen möglich. Einzelne Blätter enthalten z. B. trotz virusbedingter Vergilbungssymptome auf der gesamten Blattfläche nachweisbares Virus nur an der Blattspitze. Umgekehrt kann besonders beim alten Blatt an der Spitze und in der Mitte kein Virus feststellbar sein, während die Proben von der Basis und vom Blattstiel noch recht hohe Extinktionen ergeben (PROESELER u. a. 1985). Zum sicheren Nachweis des BMYV in jeder infizierten Rübenpflanze wird deshalb empfohlen, von infizierten Blättern mehrere Proben zu entnehmen und zu einer Mischprobe zu vereinen. Eine mit dem Korkbohrer ausgestanzte Blattscheibe von 5 mm Durchmesser ist ausreichend, um das BMYV nachzuweisen. Das Virus kann selbst dann noch mit dem ELISA identifiziert werden, wenn eine Mischprobe aus einer virushaltigen Blattscheibe und neun virusfreien Scheiben besteht (CHEVALLIER-BOSDEVESY 1983).

Die Diagnose des BMYV ist auch möglich, wenn die Rübenblätter zusätzliche Symptome des BYV und Rübenmosaik-Virus bzw. einen Befall durch *Erysiphe betae* oder *Alternaria alternata* aufweisen.

Die Rübenblätter können im Kühlschrank bei etwa 5 °C bis zu 14 Tagen aufbewahrt werden. Selbst wenn nach dieser Lagerung erste Fäulniserscheinungen auftreten, sind

Tab. 10. Testung der Blätter von natürlich mit dem BMYV infizierten Rübenpflanzen

Blattbereich	92 große Blätter	davon 13 alte Blätter ohne Symptome	davon 55 alte und mittlere Blätter mit Symptomen	davon 24 mittlere und jüngere Blätter ohne Symptome	24 jüngste Blätter
1. Mittlere Extinktionswerte im ELISA					
Spitze	0,52	0,48	0,59	0,39	obere Hälfte
Mitte	0,70	0,57	0,90	0,32	0,33
Basis	0,78	0,43	1,05	0,35	untere Hälfte
Blattstiel oben	0,70	0,54	0,95	0,20	0,22
Blattstiel unten	0,68	0,37	0,94	0,29	
$\bar{x}$	0,68	0,49	0,88	0,31	
2. Anteil der im ELISA positiven Proben in %					
Spitze	59,8	61,5	61,8	54,2	obere Hälfte
Mitte	60,9	46,1	72,7	41,7	37,5
Basis	67,4	38,5	81,8	50,0	untere Hälfte
Blattstiel oben	53,3	23,1	72,7	25,0	25,0
Blattstiel unten	55,4	23,1	65,4	37,5	
$\bar{x}$	59,3	38,5	70,9	41,7	

die Extinktionswerte zur Beurteilung einer Virusinfektion noch ausreichend. Bei −18 °C ist in den Blättern noch nach 5 Monaten das BMYV nachweisbar (PROESELER u. a. 1985). Der Pflanzensaft kann mit der Reibschale oder der Walzenpresse hergestellt werden, ohne daß sich die Extinktionswerte unterscheiden.

Ebenso wie im Blatt gelingt der Nachweis des BMYV mit dem ELISA auch im Rübenkörper. Bei natürlich infizierten Pflanzen liegt unmittelbar nach Erscheinen der ersten Virussymptome im Juli bereits das Virus im Rübenkörper vor. Zum Zeitpunkt der Ernte ist dagegen nicht in allen Rübenkörpern von Pflanzen mit virusbedingten Symptomen auf den Blättern von Pflanzen mit virusbedingten Symptomen auf den Blättern das Virus zu diagnostizieren. Es wird vermutet, daß besonders bei Spätinfektionen in den physiologisch alten Pflanzen das BMYV aus den Blättern nicht in den Rübenkörper gelangt.

Vergleicht man verschiedene Abschnitte des Rübenkörpers, so gelingt der Virusnachweis im Kopf- und Spitzenbereich besser als in der Mitte. Zur Extraktion aus dem Rübenkörper ist der Testbohrer nach GUGERLI am wenigsten geeignet. Die Überlegenheit der Reibschale im Vergleich zur Riffelwalze ist nicht in allen Versuchen erkennbar. Die Diagnose des BMYV ist auch in Breiproben möglich, die zur Bestimmung des Saccharosegehaltes und anderer Inhaltsstoffe im Rübenkörper hergestellt werden. Die für den ELISA bestimmte Teilprobe sollte jedoch vor dem Zusatz von Bleiazetat entnommen werden.

Ein längerer Aufenthalt der Rübenkörper im Lagerhaus oder in der Miete beeinträchtigt nicht die Nachweismöglichkeit des BMYV. In Rüben aus der Ernte des Vorjahres kann selbst noch im Mai/Juni das Virus durch den ELISA diagnostiziert werden. Bei diesen relativ alten, ausgetrockneten Rübenkörpern ist eine gründliche Extraktion durch manuelles Zerreiben und Homogenisieren besonders empfehlenswert (PROESELER u. a. 1985). Allgemein muß betont werden, daß trotz positiver Resultate in verschiedenen Ländern die Nachweissicherheit besonders des BMYV in Beta-Rüben vielfach noch nicht ausreicht und hierzu weitere Untersuchungen erforderlich sind.

4.3.2. Nekrotisches Rübenvergilbungs-Virus

Zum serologischen Nachweis des BYV bietet der Präzipitintropfentest keine ausreichende Sicherheit, da u. a. auch nichtinfizierte Proben ausflocken können. Der Agargeldoppeldiffusionstest ist ebenfalls nicht empfindlich genug. Erst mit dem Latextest wurden weitere Fortschritte bei der serologischen Diagnose des BYV erreicht. Dieser Test ist geeignet, um das Virus in Blättern und Wurzeln der Rübenpflanzen nachzuweisen. Im Rübenkörper liegt der höchste Virusgehalt im oberen Drittel vor. In eingelagerten Rüben geht der Virustiter bis zum März des folgenden Jahres nicht eindeutig zurück (FUCHS u. a. 1979, POLÁK 1979c).

Noch empfindlicher als der Latextest ist der ELISA, so daß weitere infizierte Pflanzen erkannt werden. Vor allem gestattet der ELISA exaktere Aussagen zur Viruskonzentration in der Pflanze, was für die Resistenzprüfung bedeutungsvoll ist. Zur Diagnose des BYV sind zwei Varianten des ELISA geeignet. Außer der nach RICHTER u. a. (1979) modifizierten Standardmethode kann die Zugabe von Testsaft und Konjugat simultan erfolgen (FLEGG, CLARK 1979). In der Höhe der Extinktionswerte treten zwischen beiden Varianten keine signifikanten Unterschiede auf. Durch die „Simultan"-Variante ist jedoch die quantitative Bestimmung des Virusgehaltes in den betreffenden Pflanzen erschwert, da das Optimum der Extraktverdünnung bei 1:2000 liegt. Beim „Standard"-ELISA ist dagegen eine Verdünnung des Testsaftes von 1:20 am günstigsten. Zur Aussage, ob eine Probe Virus enthält oder nicht, reicht die „Simultan"-Variante völlig aus und ist mit einer Einsparung an Zeit und Chemikalien verbunden (REINHARD, unveröffentlicht).

Das BYV ist in den Blättern der Rübenpflanzen sehr unregelmäßig verteilt. Deshalb wird, wie für das BMYV empfohlen, von ein und derselben Pflanze mehrere Blattproben (Scheiben von 5 mm Durchmesser) zu entnehmen. Das BYV kann in einer einzigen Blattscheibe nachgewiesen werden, die mit 49 Scheiben von virusfreien Pflanzen zu einer Mischprobe vereint wird (CHEVALLIER-BOSDEVESY 1983).

Prinzipiell ist in ein und derselben Probe von vergilbungskranken Rübenpflanzen parallel das BMYV und BYV nachweisbar.

4.4. Serologischer Virusnachweis im Vektor

4.4.1. Mildes Rübenvergilbungs-Virus

Die Diagnose des BMYV im Vektor *Myzus persicae* ist nach der Methode von TAMADA, HARRISON (1981) in einer Einzellaus mit einer Wahrscheinlichkeit von 86% möglich (Tab. 11). Werden Gruppen von 3 oder 5 virustragenden Aphiden geprüft, so verläuft der Test bis auf wenige Ausnahmen immer positiv.

Tab. 11. Untersuchung von je 50 Einzelläusen mit dem ELISA zum Nachweis des Milden Rübenvergilbungs-Virus

	virusfreie Blattläuse	virustragende Blattläuse
$\bar{x}_E$	0,116	0,702
Min.$_E$/Max.$_E$	0,04/0,19	0,22/1,9
s	0,0334	0,4452
$\bar{x} + 3s$ (Schwellenwert)	0,2164	bei 43 von 50 Tieren war E 0,2164 = 86% nachweisbar virustragend

E = Extinktionswert

Die Extraktion ist am effektivsten, wenn sie von Hand ohne Zusatz von Karborund und ohne Zentrifugation erfolgt. Andererseits kann mit geeigneten Röhrchen und Glasrührstäben auch maschinell extrahiert werden. — Das BMYV kann in der Einzellaus sowohl mit dem Mikro-ELISA als auch mit dem Ultramikro-ELISA nachgewiesen werden (KASTIRR u. a. 1985).

4.4.2. Nekrotisches Rübenvergilbungs-Virus

Bei Anwendung der Methoden von TAMADA, HARRISON (1981) sowie CARLEBACH u. a. (1982) ist es bisher noch nicht mit der erforderlichen Sicherheit gelungen, durch den Mikro-ELISA oder die Ultramikrovariante das semipersistente BYV im Vektor nachzuweisen. Die Extinktionswerte der virustragenden Aphiden (Einzeltiere oder Gruppen) liegen vielfach kaum höher als die der virusfreien Kontrollen (REICHENBÄCHER, KASTIRR, unveröffentlicht).

CHEVALLIER-BOSDEVESY (1983) berichtet dagegen über eindeutige Reaktionsunterschiede zwischen infektiösen und virusfreien Blattläusen, wobei teilweise auch mit Einzelläusen gearbeitet werden kann.

4.5. Elektronenmikroskopischer Virusnachweis im Pflanzenextrakt

4.5.1. Mildes Rübenvergilbungs-Virus

Auf Grund der geringen Konzentration und des ausschließlichen Vorkommens im Phloem sind die Partikeln des BMYV in Tauchpräparaten von infizierten Pflanzen nur selten nachweisbar. Dagegen erhält man nach dem unter 4.1. beschriebenen Reinigungsverfahren angereicherte Präparate, in denen die isokaedrischen Viruspartikeln in hoher Konzentration vorliegen. Ihr Durchmesser beträgt 26 nm.

Soll das BMYV im Pflanzenextrakt ohne Reinigung nachgewiesen werden, so ist ein größerer Aufwand erforderlich. Es können zwei Methoden angewandt werden, mit denen die Virionen aus dem Phloemgewebe möglichst vollständig gewonnen werden sollen.

Mikromörsermethode

100 µl Phosphatpuffer (0,05 M, pH 7,5, 0,02% NaN_3) und 15—20 mm^2 Blattaderngewebe werden in Plaströhrchen unter Zusatz von Karborund 1—2 min mit einem Glasstab homogenisiert. Die Röhren werden anschließend bei 4000 U/min und 20 °C für 10 min zentrifugiert. Die Überstände werden für die weitere Präparation verwendet.

Enzymmethode

In der Reibschale werden 0,5—1g Blattaderngewebe mit flüssigem Stickstoff eingefrostet und mit vorgekühltem Pistill schnell homogenisiert. Nach dem Auftauen wird die dreifache Menge Citratpuffer (0,05 M, pH 6) zugegeben, der 10% Rohenzym enthält. Die Proben werden in Zentrifugenröhrchen gefüllt und 10 min bei 45 °C im Wasserbad inkubiert. Anschließend werden die Proben bei Raumtemperatur 3—4 Stunden geschüttelt. Die Röhrchen werden bei 4000 U/min und 20 °C für 10 min zentrifugiert und die Überstände für die folgende Präparation genutzt.

Mit der Enzymmethode wird im allgemeinen ein besserer Gewebeaufschluß als mit der Mikromörsermethode erreicht. Unabhängig von der Art der vorausgegangenen Präparation ist anschließend die Immunelektronenmikroskopie anzuwenden. Die Netzobjektträger werden hierzu mit dem virusspezifischen Antiserum vorbehandelt, wofür zunächst die optimale Verdünnungsstufe zu ermitteln ist. Die Verdünnung, welche die höchste Anzahl spezifisch gebundener Viruspartikeln ergibt, wird für die immunelektronenmikroskopische Präparation eingesetzt. Eine vorherige Behandlung der Netzobjektträger mit Protein A führt zu einer Verdoppelung der gebundenen Viruspartikeln. Im einzelnen sind hierzu folgende Teilschritte erforderlich:

Frisch gedampfte Netzobjektträger werden 5 min auf Protein-A-Lösung (20—50 µg pro ml in 0,05 M Phosphatpuffer pH 7,5, 0,02% NaN_3) flotiert und auf Puffer-Tropfen überführt. Der überschüssige Puffer wird abgesaugt und die Netzobjektträger für 10—15 min auf dem homologen Antiserum (1:50 bis 1:100 mit Puffer verdünnt) flotiert. Die Netzobjektträger werden auf zwei Tropfen Puffer gespült, mit der Viruslösung inkubiert, gespült auf mehreren Tropfen destillierten Wassers und auf zwei Tropfen 2%igen wäßrigen Uranylacetats kontrastiert.

Auf die Dekoration der Partikeln des BMYV kann verzichtet werden, da nach der Kontrastierung mit Uranylacetat die morphologisch ähnlichen Partikeln des Rüben-Cryptic-Virus eindeutig erkennbar sind. Sie werden von diesem Kontrastierungsmittel spezifisch durchdrungen und erscheinen hohl.

Die Virionen des BMYV werden dagegen als volle Partikeln angesprochen (Stanarius u. a. 1984).

Ist trotz der genannten Argumente eine Dekoration erwünscht, so werden die Netzobjektträger mit Viruslösung inkubiert, gewaschen und anschließend für 5—10 min auf weniger verdünntem Antiserum flotiert. Danach werden die Netzobjektträger auf je einem Tropfen Phosphatpuffer und destilliertem Wasser gespült sowie mit 2%igem Uranylacetat kontrastiert.

Mit den beschriebenen Präparationsmethoden ist das BMYV bis zu einer Konzentration von 1—10 ng Virus je ml nachweisbar, so daß die Immunelektronenmikroskopie in der Empfindlichkeit dem ELISA nicht nachsteht.

4.5.2. Nekrotisches Rübenvergilbungs-Virus

Für den elektronenmikroskopischen Nachweis der gestreckten Partikeln des BYV genügt im allgemeinen die einfache Tauchpräparation. Die langen fadenförmigen Partikeln besitzen eine Normallänge von 1250—1270 nm. Der Partikeldurchmesser wird mit 10 bzw. 12 nm angegeben. Die Steigung der Helix beträgt zwischen 3,0 und 3,7 nm (Bar-Joseph, Hull 1974). Enthalten die Pflanzenproben nur geringe Viruskonzentrationen (z. B. Extrakte aus dem Rübenkörper), so sind, wie unter Punkt 4.5.1., eine Vorbehandlung durch die Mikromörsermethode sowie die Immunelektronenmikroskopie empfehlenswert. Zur Differenzierung der Virionen von Bakteriengeißeln und -pili sollte zusätzlich eine Dekoration erfolgen.

4.6. Immun-Elektronenmikroskopischer Virusnachweis im Blattlausextrakt

4.6.1. Mildes Rübenvergilbungs-Virus

Bedingt durch das sehr geringe Gewicht der Proben kann das Aphidengewebe nur durch die Mikromörsermethode aufgeschlossen werden. Im Gegensatz zum Pflanzenmaterial werden die Blattläuse mit Phosphatpuffer homogenisiert, der 1% Triton X-100 enthält, um störende Blattlausbestandteile zu entfernen. Entsprechend den Erfahrungen zum elektronenmikroskopischen Nachweis des BMYV in der Pflanze sind die Netzobjektträger mit der optimalen Antiserumverdünnung zu behandeln. Nach Inkubation der Viruslösung werden die Viruspartikeln zusätzlich mit dem homologen Antiserum dekoriert, um sie von gleichgroßen isometrischen Aphidenviren unterscheiden zu können. Mit dieser Methode kann das BMYV in einzelnen Aphiden nachgewiesen werden.

4.6.2. Nekrotisches Rübenvergilbungs-Virus

Trotz Erprobung verschiedener Präparationsmethoden ist der sichere elektronenmikroskopische Nachweis des BYV in Blattlausextrakten bisher nicht gelungen. Nach den gesammelten Erfahrungen müssen mindestens 5 infektiöse Läuse zu einer Probe vereint werden. Sie werden im Mikromörser homogenisiert. Da nicht immer reproduzierbare Ergebnisse erzielt werden, sind hierzu weitere Untersuchungen erforderlich.

5. Physikalische und chemische Eigenschaften der Vergilbungs-Viren

5.1. Mildes Rübenvergilbungs-Virus

Für das Westliche Rübenvergilbungs-Virus werden folgende physikalische Eigenschaften angegeben (Duffus 1969):

— thermale Inaktivierung zwischen 60 und 65 °C,
— Beständigkeit in vitro bei 20—24 °C bis zu 16 Tagen,
— Verdünnungsendpunkt bei 1:8.

Ein Wechsel zwischen Auftauen und Einfrieren im Abstand von 4 oder 5 Tagen läßt nach einer Versuchsdauer von 4 Wochen keinen Verlust der Virusaktivität erkennen. Es ist mit großer Wahrscheinlichkeit anzunehmen, daß die gleichen Werte auch für das BMYV zutreffen.

Die gereinigten Präparate des BMYV ergaben im Mittel von 20 Präparationen nachstehende Werte des UV-Absorptionsspektrums (Kühne u. a. 1985):

— Extinktionsminimum = 242 — 244 nm,
— Extinktionsmaximum = 259 — 260 nm,
— mittlerer Quotient $E_{260}/_{180}$ = 1,75.

Nach Berechnung aus den spektralen Charakteristika betragen der Extinktionskoeffizient des BMYV $E_{260nm\,0,1\%}$ = 8,4 cm²/mg und der RNS-Gehalt im Viruspartikel etwa 33%. Mit diesen Eigenschaften entspricht das BMYV anderen Luteoviren.

Die Partikelmasse des BMYV liegt bei $5,6 \pm 0,45 \times 10^6$. Das Virusprotein besteht aus 180 Untereinheiten. Die Molekülmassen einer Proteinuntereinheit bzw. der RNS betragen 24000 bzw. $2,0 \times 10^6$ (Chevallier u. a. 1983).

5.2. Nekrotisches Rübenvergilbungsvirus

Das BYV hat einen thermalen Inaktivierungspunkt zwischen 50 bis 55 °C, der Verdünnungspunkt liegt bei 10^{-4} und die Beständigkeit in vitro beträgt im Rohsaft bei Zimmertemperatur bis zu 5 Tagen (Duffus 1973). Bei +3 °C ist das Virus im Rohsaft mindestens 20 Tage aktiv. Im eingefrorenen Pflanzensaft bleibt die Infektiosität mindestens 12 Monate erhalten. Der isolektrische Punkt liegt zwischen einem pH-Wert von 4,72 bis 5,32. Unter der Einwirkung von Chloroform geht die Infektiosität erheblich zurück. Die Stämme des BYV unterscheiden sich kaum in ihren Eigenschaften (Bercks, Zimmer 1956, Bennet 1960, Polák 1971a).
Das BYV sedimentiert als eine Komponente mit 110—130 s.

Das UV-Absorptionsspektrum ergibt folgende Werte:

- Extinktionsminimum = 239 nm,
- Extinktionsmaximum = 259 nm,
- mittlerer Quotient $E_{260}/_{280}$ = 1,73–1,79.

Der Extinktionskoeffizient bei 260 nm liegt bei 2,9 mg/cm². Nach Dichtegradientenzentrifugation in $CsSO_4$ erhält man eine isopyknische Bande mit einer Dichte von 1,285 g/cm³. In CsCl treten dagegen zwei Banden mit einer Dichte von 1,307 und 1,312 g pro cm³ auf.

Die Eigenschaften der Partikeln des BYV sind in Tabelle 12 zusammengefaßt. Ergänzend hierzu kann gesagt werden, daß die RNS einsträngig ist. Der helikale RNS-Strang besitzt einen Radius von 3,3 nm. Auf jede Windung der Helix bei einer Ganghöhe von 3,7 nm entfallen 8,5 Proteinuntereinheiten. Die Struktur des Virions wiederholt sich nach zwei Drehungen der Helix. Ein Partikel mit einer Länge von 1250 nm weist 338 Drehungen auf. Die RNS hat folgende Basenzusammensetzung: Uracil = 23%, Cytasin = 22%, Adenin = 27%, Guanin = 28% (Polák 1971a, Bar-Joseph, Hull 1974, Carpenter u. a. 1977, Kassanis u. a. 1977, Short u. a. 1977, Chevallier u. a. 1983).

Tab. 12. Charakteristische Merkmale der Partikeln des Nekrotischen Rübenvergilbungs-Virus (nach Bar-Joseph, Hull 1974 (1) sowie Chevallier 1983 (2))

	MG des Hüll-Proteins 10^3	MG der RNS 10^6	MG des Virus 10	Ganghöhe der Helix [nm]	Partikel-länge [nm]	Anzahl der Proteinunter-einheiten je Windung der Helix	RNS-Gehalt %
1	23,5	4,3	84	3,75	1270	10	5,2
2	25	4,15	76,5	3,7	1250	8,5	5,4

MG = Molekülmasse

6. Stämme der Vergilbungs-Viren

6.1. Mildes Rübenvergilbungs-Virus

Im Vergleich zum BYV sind die Kenntnisse über das Vorkommen von Stämmen des BMYV gegenwärtig noch unzureichend. Dies ist darauf zurückzuführen, daß das BMYV wesentlich schwieriger handhabbar ist. Außerdem ergibt sich in diesem Zusammenhang die Frage der Beziehung zwischen BMYV und Westlichem Rübenvergilbungs-Virus (BWYV) (siehe 4.8.2.).

Zum biologischen Nachweis von Stämmen des BMYV durch Versuche im Gewächshaus oder in der Klimakammer ist die Beta-Rübe im allgemeinen ungeeignet, da sie unter diesen Bedingungen keine oder nur sehr schwache Virussymptome entwickelt. Mit dem ELISA ist das BMYV in diesen Pflanzen nur gelegentlich und dann meist nur in geringer Konzentration nachweisbar. Unter den verschiedenen Testpflanzen hat sich auch für derartige Experimente *Sinapis alba* besonders bewährt. Dauer der Inkubationszeit, Anteil der Pflanzen mit Virussymptomen und Symptomintensität sind geeignete Bewertungskriterien. Um zu reproduzierbaren Ergebnissen zu gelangen, sind die Versuche unter möglichst konstanten Klimabedingungen bei hoher Lichtintensität durchzuführen.

In der DDR wurden 63 Isolate des BMYV von Zuckerrüben, Spinat und Winterraps vergleichend auf *Sinapis alba* untersucht. Die teilweise beobachteten konstanten graduellen Unterschiede in der Testpflanzenreaktion waren statistisch nicht signifikant (Briest 1984).

Französische Isolate des BMYV werden in drei Gruppen unterteilt, da sie schwache, mittlere oder starke Symptome auf *Claytonia perfoliata* hervorrufen (Chevallier-Bosdevesy 1983).

Zweifellos werden in jüngster Zeit eingeführte neue Diagnosemethoden zur Differenzierung von Stämmen des BMYV beitragen.

6.2. Westliches Rübenvergilbungs-Virus

Seit Jahrzehnten ist bekannt, daß in Europa die viröse Rübenvergilbung durch das BMYV und BYV hervorgerufen wird (Russell 1958). In Nordamerika und Japan ist dagegen neben dem BYV das Westliche Rübenvergilbungs-Virus (BWYV) für den Zuckerrübenanbau bedeutungsvoll. Bereits Duffus, Russell (1975) wiesen nach, daß BMYV und BWYV serologisch verwandt sind. Lesemann, Casper (1983) konnten mit dem Antiserum des BWYV in Zuckerrübenpflanzen das BMYV identifizieren. Polák (1979a) berichtete über die erstmalige Isolierung des BWYV von Zuckerrüben in Europa.

Eine Differenzierung zwischen BMYV und BWYV erfolgte bisher vorwiegend durch Ermittlung der Wirtspflanzenkreise. Trotz der hierdurch nachgewiesenen Unterschiede wurde wiederholt die Vermutung geäußert, daß BMYV und BWYV nicht nur serologisch verwandt sondern identisch sind, und es sich lediglich um verschiedene Stämme eines Virus handelt.

Govier (1985) wies durch physiko-chemische und serologische Untersuchungen nach, daß BMYV und BWYV Stämme eines Virus sind und schlägt als einheitliche Namen "beet mild yellowing virus" vor. Dieser Bezeichnung gebührt die Priorität, da sie erstmalig von Russell im Jahre 1958 geprägt wurde, während das BWYV erst zwei Jahre später von Duffus beschrieben wurde. Außerdem charakterisiert der Begriff "beet mild yellowing" (deutsche Bezeichnung: „Milde Rübenvergilbung“) das Symptombild viel treffender als der Begriff „Westliche Rübenvergilbung“.

6.3. Nekrotisches Rübenvergilbungs-Virus

Grundlegende Untersuchungen zur Differenzierung von Stämmen des BYV gehen bereits auf Björling (1961) zurück. Nach seinen Befunden können hierfür u. a. folgende Merkmale bei Beta-Rüben berücksichtigt werden:

- Inkubationsdauer und Grad der Adernaufhellung auf den jüngsten Blättern,
- Intensität des Preßmusters,
- Zeitpunkt des Auftretens der ersten Nekrosen,
- Zeitpunkt des Absterbens der ersten Blätter,
- Intensität und Umfang der Vergilbung,
- Grad der Wuchshemmung,
- Minderung des Wurzelertrages und des Zuckergehaltes,
- Zunahme an schädlichem Stickstoff.

Im Vergleich zu einem weniger virulenten Stamm betragen die Ertragsverluste durch einen Stamm mit höherer Virulenz fast das Doppelte, wobei der Unterschied signifikant ist (Bennett, McFarlane 1967). Die Symptome eines Stammes werden durch verschiedene Faktoren beeinflußt, besonders zu nennen sind die Umweltbedingungen, genetische Variabilität der Rübe und Vektorart. Dadurch wird die Unterscheidung von Stämmen erheblich erschwert. Trotzdem hat man festgestellt, daß die charaktristischen Merkmale eines Stammes über eine lange Zeitdauer (Prüfzeit bis zu 10 Jahren) erhalten bleiben. Auch wenn die Stämme von Beta-Rüben auf andere anfällige Pflanzenarten übertragen werden, wie *Chenopodium capitatum*, *C. foliosum*, *Tetragonia tetragonoides* und *Claytonia perfoliata*, bleiben sie stabil. Das Ausmaß der Ertragsverluste kann der Symptomintensität auf *C. capitatum* entsprechen.

Ein stabiler Stamm kann erhalten werden, indem z. B. *C. perfoliata* mechanisch mit einem BYV-Isolat inokuliert wird. Diese Pflanzenart reagiert auf die mechanische Inokulation nur lokal, während infektiöse Blattläuse eine systemische Erkrankung verursachen. Nach dreimaliger mechanischer Übertragung des BYV, ausgehend von Einzelläsionen auf *C. perfoliata*, liegt ein stabiler Stamm vor. Die Aufnahme des BYV aus *C. perfoliata* durch Blattläuse ist nicht möglich (Russell 1963b). Verursachen die Stämme auf allen infizierten Testpflanzen wiederholt die gleichen Symptome, so kann man sie als homogen ansehen.

Durch Erhebungen in der ČSSR konnten ein schwacher, normaler und starker Stamm des BYV differenziert werden. Der starke Stamm ließ sich leicht durch mechanische Inokulation auf Zuckerrüben und andere Testpflanzen übertragen. Der Normalstamm war mechanisch nur auf Zuckerrübe und *Chenopodium quinoa*, aber nicht auf *C. capitatum* übertragbar. Die mechanische Übertragung des schwachen Stammes gelang nur gelegentlich auf *C. quinoa* und *C. capitatum*. In der serologischen Reaktion unterschieden sich besonders der starke Stamm vom normalen und schwachen Stamm (POLÁK 1971a, b).

Ähnliche Befunde wurden auch in der DDR durch vergleichende biologische und serologische Untersuchungen mit 112 Isolaten des BYV erzielt. Die Differenzierung erfolgte auf *Beta vulgaris* var. *altissima* Sorte ‚Ponemo', *Chenopodium quinoa* und *Tetragonia expansa*. Ähnlich wie für das BMYV dienten Inkubationszeit, Symptomintensität, Anzahl der infizierten Pflanzen und zusätzlich Anzahl der Lokalläsionen auf *C. quinoa* als Bewertungskriterien. Von den 112 Isolaten erwiesen sich 35 als schwach, 47 als mittel und 30 als stark virulent, wobei die Differenzen besonders zwischen den Extremen teilweise signifikant waren (BRIEST 1984). Durch serologische Untersuchungen mit dem Latextest wurde ermittelt, daß im allgemeinen eine direkte Beziehung zwischen Virulenz und relativer Viruskonzentration vorlag. Aus Tabelle 13 ist zu entnehmen, daß in allen Rübenanbaugebieten der DDR unterschiedlich virulente Isolate des BYV nachgewiesen werden konnten (BRIEST 1984).

Tab. 13. Verteilung von 112 Isolaten des Nekrotischen Rübenvergilbungs-Virus hinsichtlich ihrer Herkunft und Virulenz in der DDR

Bezirk	Virulenz		
	stark	mittel	schwach
Rostock	—	4	6
Schwerin	2	1	—
Neubrandenburg	—	1	3
Potsdam	2	3	1
Frankfurt/Oder	1	2	—
Cottbus	1	2	2
Magdeburg	10	12	9
Halle	10	16	4
Leipzig	1	2	3
Erfurt	2	3	6
Gera	—	1	1
Dresden	1	—	—
Summe	30	47	35

(nach BRIEST 1984)

Elektronenoptisch unterscheiden sich Isolate und Stämme des BYV nicht, denn alle weisen die gleiche Partikelform mit einer Normallänge von 1250 nm auf (BURGHARDT, BERCKS 1959).

Werden Rübenpflanzen gleichzeitig mit einem schwachen und starken Stamm des BYV durch *Myzus persicae* inokuliert, so können durch wiederholte selektive Übertragung auf Inzuchtrübenpflanzen Isolate erhalten werden, die sich in der Symptomausprägung und ihrer ertragsmindernden Wirkung von den Ausgangsstämmen unterscheiden. Es liegen jedoch bisher keine Beweise für eine genetische Rekombination als Erklärung für das Auftreten von Virusisolaten mit neuen Merkmalen vor (BJÖRLING 1970).

7. Übertragungsmöglichkeiten

7.1. Mechanische Übertragung des Nekrotischen Rübenvergilbungs-Virus

Das BMYV kann durch Abreibung von infektiösem Preßsaft oder andere mechanische Verfahren nicht übertragen werden. Das BYV ist dagegen mechanisch übertragbar. Die Testpflanzen *Chenopodium capitatum*, *C. foliosum* und *C. quinoa* sind hierfür besonders geeignet. Die mechanische Inokulation von *C. quinoa* gilt als empfindlichste und sicherste biologische Prüfmethode (Fuchs u. a. 1979).

Zur Extraktion des BYV aus Rübenblättern haben sich destilliertes Wasser und Leitungswasser jeweils unter Zusatz von Aktivkohle bewährt. Gute Übertragungsergebnisse werden außerdem mit 0,01 M Magnesiumsulfat in 0,05 M Tris-Puffer pH 7,8 erzielt. Der Rohsaft sollte im Verhältnis 1:8 verdünnt werden, um Hemmwirkungen zu vermeiden.

Für die Symptomentwicklung haben sich folgende konstante Bedingungen bewährt: Belichtung mit Leuchtstoffröhren (Mischlicht Lumoflor-Weißlicht 1:1) für 16 Stunden täglich, Temperatur um 22 °C, 70% relative Luftfeuchte. *C. quinoa* reagiert 12—14 Tage nach der Inokulation mit ocker bis rötlich gefärbten nekrotischen Lokalläsionen, die von einem chlorotischen Ring umgeben sind und sich nach 18—20 Tagen voll entwickelt haben. Auf den nichtinokulierten Blättern von *C. quinoa* treten sehr selten und bevorzugt nur in den Sommermonaten kleine Nekrosen auf (Opel, Fuchs 1975).

Der Erfolg der mechanischen Übertragung des BYV auf Beta-Rüben wird besonders beeinflußt von der Virusquelle, Zubereitung des Inokulums, Inokulationstechnik und dem physiologischen Zustand der zu inokulierenden Pflanzen. Unter optimalen Bedingungen können Übertragungsraten von 90—100% erreicht werden, wobei jedoch ein unterschiedlich hoher Anteil der infizierten Pflanzen nur mit lokalen Symptomen reagiert. Die jahreszeitliche Rhythmik des Infektionserfolges ist gegenwärtig nicht zu überwinden (Opel u. a. 1979).

7.2. Übertragung des Milden Rübenvergilbungs-Virus durch Samen

Während das BYV eindeutig als nicht samenübertragbar gilt (Proeseler, Fritzsche 1980), sind die Angaben für das BMYV unterschiedlich. Hierzu haben Versuchsmethoden sowie Art und Weise der Infektionsdiagnose beigetragen. Die ersten Angaben hierzu stammen von Clinch, Loughnane, McKay (1948). Sie berichten, daß ein Stamm des Vergilbungsvirus, der in der Zuckerrübenfamilie 41 in Irland gefunden wurde, zu 25 bis 55% mit dem Saatgut auf die Keimpflanzen übertragen wird. Seitdem liegen zahlreiche, teils positive, teils negative Ergebnisse hierzu vor (Fritzsche u. a. 1983). Auf Grund der epidemiologischen Bedeutung dieses Problems wurden unter Nutzung moderner Diagnose- und Versuchsmethoden (ELISA-Testung, blattlaussicheres Einkäfigen der Versuchstöpfe bereits bei der Aussaat und Behandlung des Bodens mit Temik) erneut eingehende Untersuchungen dazu durchgeführt. Sie ergaben, daß aus Saatgut bestimmter Herkünfte bzw. bestimmter, mit dem BMYV infizierter Samenträger Pflanzen aufwachsen können, welche im ELISA positive Reaktionen zeigen (Tab. 14).

Hieraus zogen wir die Schlußfolgerung, daß das BMYV zu einem geringen Anteil samenübertragbar ist. Bestärkt wurden wir für diese Schlußfolgerung dadurch, daß bei serologischer Testung (ELISA) von Zuckerrübenjungpflanzen aus carbofuranpilliertem

Tab. 14. Ergebnisse der ELISA-Testung von Zuckerrübensaatgut der Erntejahre 1981–1983 (nach Fritzsche u. a. 1983, 1985)

Saatgutherkunft	Anzahl getesteter Rübenpflanzen	davon im ELISA BMYV-positiv
Zuchtstämme:		
1	50	0
2	50	0
3	47	0
4	30	0
5	50	0
6	20	5
7–11	56	3
Handelssaatgut:		
1	50	2
2	30	0
3	30	0
4	30	0
5	30	1
6	50	8
Saatgut markierter Samenträger:		
1	30	0
2	50	2

Tab. 15. Ergebnisse der ELISA-Testung von Rübenpflanzen aus Praxisgroßbeständen

Standort	Datum der Probenahme	Erste Blattläuse in Gelbschalen	Anzahl getesteter Rübenpflanzen	davon im ELISA positiv
Kleinwanzleben	13. 5. 83	15. 5. 83	125	0
Aschersleben	13. 5. 83	16. 5. 83	100	1
Borne	7. 5. 84	17. 5. 84	100	2
Egeln	7. 5. 84	17. 5. 84	100	1
Insgesamt			425	4

Saatgut aus Praxisgroßbeständen unmittelbar nach dem Auflaufen und längere Zeit vor Beginn des Blattlausfluges in bestimmten Fällen ebenfalls Pflanzen gefunden werden konnten, welche im ELISA mit dem zur Verfügung stehenden BMYV-Antiserum positiv reagierten (Tab. 15).

Es zeigte sich aber auch, daß aus Saatgut von Samenträgern mit BMYV-Befall nicht immer Pflanzen aufwachsen, welche ELISA-positiv reagieren (Fritzsche u. a. 1985). Erneute Untersuchungen zu diesem Problem brachten folgendes Ergebnis:

2209 Rübenpflanzen (10 Sorten bzw. Populationen) gingen aus Saatgut hervor, das überwiegend von massiv infizierten Samenträgern stammte. Die Pflanzen wurden unter verschiedenen Bedingungen (Klimakammer, Gazehaus, Freiland) und unterschiedlich lange kultiviert. Durch ELISA war in keiner Pflanze das BMYV nachweisbar. Der gleiche Befund traf für insgesamt 403 Pflanzen der Arten *Crambe abyssinica* (151 Pflanzen), *Montia perfoliata* (147 Pflanzen) und *Sinapis alba* (105 Pflanzen) zu. Auch symptomatologisch wurden keine Hinweise für eine Samenübertragung des BMYV erhalten.

Hinzu kommt noch folgende Tatsache:

Das Milde Rübenvergilbungs-Virus gehört zur Gruppe der Luteoviren. Hierzu zählen u. a. auch das Kartoffelblattroll- und das Gerstengelbverzwergungs-Virus. Nach Rochow und Duffus (1981) ist einzig und allein die Eigenschaft „Blattlausübertragbarkeit" für die Ausbreitung der Viren dieser Gruppe im Feldbestand verantwortlich. Hiernach gibt es keine experimentell eindeutig bestätigten Hinweise für die Samenübertragung der Luteoviren. Eine Information von Szirmai (1979) zur möglichen Samenübertragung des Gerstengelbverzwergungs-Virus konnte durch Pocsai und Kobza (1983) sowie Haase und Proeseler (1987) nicht bestätigt werden.

Diese Fakten veranlassen uns zu einer Revision unserer Schlußfolgerungen hinsichtlich einer möglichen Samenübertragbarkeit des BMYV. Offen bleibt jedoch die Frage, welche Ursachen dafür verantwortlich sind, daß trotz sorgfältiger Versuchsdurchführung in bestimmten Fällen Keimpflanzen bzw. Jungpflanzen ohne Blattlausinfektion im ELISA mit dem BMYV-Antiserum positiv reagieren und damit eine Samenübertragbarkeit vortäuschen können. Entsprechende Untersuchungen werden diesem Problem gewidmet.

7.3. Übertragung durch Vektoren und Vektorarten

7.3.1. Mildes Rübenvergilbungs-Virus

Für das persistent aphidenübertragbare BMYV sind bisher 15 Blattlausarten als potentielle Vektoren ermittelt worden (Tab. 16). Die meisten dieser Arten sind jedoch nur als Gelegenheitsüberträger einzustufen, deren epidemiologische Bedeutung sehr gering ist. Der mit Abstand effektivste Vektor ist *Myzus persicae* (Russell 1965, Heathcote Cockbain 1966, Jadot 1975). Dies geht auch aus Laborversuchen von Karl, Giersemehl (1981) hervor, in denen *Sinapis alba* als Virusquelle und Testpflanze benutzt wurde. Hier betrug die Übertragungsrate von *M. persicae* 65,7%, im Vergleich beispielsweise zu derjenigen von *Aulacorthum solani* mit 14,3% und der von *Aphis fabae* mit nur 1,9 %. *M. persicae* hat auch insofern große Bedeutung, als die Art in milden

Wintern erfolgreich auf Unkräutern und Rübenstecklingen überwintert und dann relativ frühzeitig von dort das BMYV in die Rübenbestände bringen kann.

Die Vektorbefähigung von *Aphis fabae* für das BMYV war längere Zeit umstritten bzw. wurde verneint (RUSSELL 1963a, BJÖRLING, NILSSON 1966, JADOT 1975). Inzwischen ist nachgewiesen, daß *A. fabae* zur Übertragung befähigt ist (NAGI, THIELEMANN 1974, KARL, GIERSEMAHL 1981). Die Art ist jedoch ein schlechter Vektor für dieses Virus. Das betrifft nicht nur die Übertragungsrate, sondern auch den Erkrankungsgrad und den Ertragsverlust infizierter Pflanzen. In Untersuchungen von THIELEMANN, NAGI (1979) wurden nach Übertragung des BMYV durch A. *fabae* die Virussymptome sowohl

Tab. 16. Blattlausarten als Vektoren des Milden Rübenvergilbungs-Virus (BMYV)

Art	Autor
*Acyrthosiphon pisum**	JADOT (1975), KARL, GIERSEMEHL (1981)
Aphis fabae	NAGI, THIELEMANN (1974)
	KARL, GIERSEMEHL (1981)
*A. frangulae gossypii**	KARL, GIERSEMEHL (1981)
Aulacorthum circumflexum	RUSSELL (1965), KARL, GIERSEMEHL (1981)
A. solani	JADOT (1975), KARL, GIERSEMEHL (1981)
Brevicoryne brassicae	KARL, GIERSEMEHL (1981)
Cavariella aegopodii	KARL, GIERSEMEHL (1981)
*Macrosiphum avenae**	KARL, GIERSEMEHL (1981)
M. *euphorbiae**	RUSSELL (1965), KARL, GIERSEMEHL (1981)
*Metopolophium dirhodum**	KARL, GIERSEMEHL (1981)
Myzus ascalonicus	JADOT (1975), KARL, GIERSEMEHL (1981)
*M. persicae**	RUSSELL (1962)
Phorodon cannabis	KARL, GIERSEMEHL (1981)
Rhopalosiphoninus tulipaellus	HEATHCOTE, COCKBAIN (1966), THIELEMANN, NAGI (1977)
Rhopalosiphum padi	KARL, GIERSEMEHL (1981)

Die mit * gekennzeichneten Arten sind auch Vektoren des mit dem BMYV nahe verwandten Westlichen Rübenvergilbungs-Virus (BWYV) (vgl. Abschnitt 6.2.). Weitere Überträger des BWYV sind *Brachycaudus helichrysi, Lipaphis erysimi* und *Myzus ornantus.*

an Zuckerrübe als auch an Testpflanzen nur zögernd sichtbar, die Latenzzeiten waren sehr lang. Während nach Übertragung durch *M. persicae* die Symptome schon nach 10 bis 14 Tagen erkennbar waren, geschah dies nach Übertragung durch *A. fabae* erst nach Ablauf von 10 bis 14 Wochen. Die geringe Vektoreffektivität des einzelnen Individuums von *A. fabae* wird aber durch die große Anzahl von Individuen im Rübenbestand teilweise wieder ausgeglichen, denn im allgemeinen ist die Zuckerrübe von *A. fabae* sehr viel stärker befallen als von *M. persicae.* So nimmt im Vektorartenspektrum des BMYV *A. fabae* nach *M. persicae* der Bedeutung nach den zweiten Platz ein. Von den übrigen Vektoren des BMYV dürften im wesentlichen nur *Rhopalosiphoninus tulipaellus, Myzus ascalonicus, Aulacorthum solani* und *Marcosiphum euphorbiae* epidemiologisch eine gewisse Rolle spielen. So kann von der Mietenlaus *R. tulipaellus* im Frühjahr eine Gefahr für Rübenbestände ausgehen, wenn eine stärkere Blattlausüberwinterung in Rübenmieten erfolgt ist (HEATHCOTE, COCKBAIN 1966, THIELEMANN, NAGI 1977). Die anholozyklische Art *M. ascalonicus,* die in milden Wintern wie *M. persicae* im Freiland verstärkt überwintert, dürfte ihre Bedeutung vor allem darin haben, daß sie durch Übertragung des BMYV innerhalb der Unkrautflora das Virusreservoir vergrößert

(JADOT 1975, KARL, PROESELER, HARTLEB 1981, KARL 1983). Eine ähnliche Bedeutung haben *A. solani* und *M. euphorbiae*, da diese polyphagen Arten ebenfalls zahlreiche Unkräuter aufsuchen.

7.3.2. Nekrotisches Rübenvergilbungs-Virus

Für das semipersistent aphidenübertragbare BYV konnten bisher 34 Blattlausarten als Vektoren nachgewiesen werden (Tab. 15.), deren epidemiologischer Wert allerdings sehr unterschiedlich ist. Die meisten der aufgeführten Arten sind ausgesprochene Gelegenheitsvektoren, da in deren Lebenszyklus die Beta-Rüben praktisch keine Rolle spielen. So ist z. B. *Aulacorthum circumflexum* zwar in Versuchen ein relativ effektiver Überträger des BYV (HEINZE 1969, RUSSELL 1965), was aber epidemiologisch unwirksam bleibt, da der Aktionsradius dieser Aphidenart im wesentlichen auf Gewächshäuser beschränkt ist.

Von entscheidender Bedeutung für die Übertragung des BYV im Freiland sind die beiden Arten *Myzus persicae* und *Aphis fabae*. Im Gegensatz zum BMYV wurde und wird für das BYV von keinem Versuchsansteller in Zweifel gezogen, daß A. *fabae* zum Kreis der Vektorarten gehört. Nur über das Ausmaß der wirtschaftlichen Bedeutung von *A. fabae* in ihrer Eigenschaft als Vektor gehen die Ansichten der Autoren auseinander. Während beispielsweise WATSON, HEALY (1953) für englische Verhältnisse die Bedeutung von *A. fabae* im Vergleich zu *M. persicae* als gering veranschlagen, messen SCHMIDT (1958), WIESNER (1959a, b) und KARL, LEHMANN, FRITZSCHE (1985) für die Bedingungen der DDR sowie SCHREIER, RUSS (1954) für diejenigen Österreichs *A. fabae* eine entscheidende Rolle bei der Ausbreitung der Rübenvergilbung zu. Ohne Zweifel wird *A. fabae* in der Übertragungswirksamkeit, bezogen auf die einzelne Blattlaus, von *M. persicae* deutlich übertroffen. Eine Auswahl von Untersuchungsergebnissen soll dies belegen. Nach ERNOULD (1961) entspricht die Vektorwirksamkeit eines Individuums von *M. persicae* derjenigen von ca. 25 *A. fabae*. In Versuchen von COCKBAIN, HEATHCOTE (1965) mit geflügelten Aphiden betrug die Infektiosität bei *M. persicae* 27%, bei *A. fabae* nur 2% Untersuchungen von JADOT (1975) erbrachten für *M. persicae* eine Übertragungsrate von 73,9%, für *A. fabae* eine solche von 34,8%. HINZ (1974) erzielte bei Einbeziehung verschiedener Futter- und Zuckerrübensorten als Testpflanzen für *M. persicae* Übertragungsraten zwischen 53,0 und 72,5%, für *A. fabae* solche von nur 9,6 bis 24,7%. Entsprechend betrug in Versuchen von KARL, LEHMANN, FRITZSCHE (1985) die Übertragungsrate für *M. persicae* 46,7%, für *A. fabae* aber nur 11,7%. Im allgemeinen werden nach Übertragung des BYV durch *A. fabae* nicht nur geringere Infektionsraten erzielt, es sind vielmehr auch die Inkubationszeiten in der Pflanze länger und die Ausbildung der Symptome schwächer als nach Übertragung durch *M. persicae* (BJÖRLING 1963). Entsprechend sind die Ertragsverluste nach Virusinfektion durch *A. fabae* geringer als nach Infektion durch *M. persicae* (WIESNER 1960). Um jedoch aus epidemiologischer Sicht die Bedeutung von *A. fabae* im Vergleich zu *M. persicae* richtig bewerten zu können, darf man nicht nur von der Vektoreffektivität des Einzeltieres ausgehen, es ist vielmehr auch die Populationsdichte, insbesondere der geflügelten Tiere, im Rübenbestand zu berücksichtigen. Zumindest unter mitteleuropäischen Klimabedingungen ist die Anzahl der im Bestand gebildeten Geflügelten von *A. fabae* ungleich größer als diejenige von *M. persicae*. Auf diese Weise wird die geringere Vektoreffektivität von *A. fabae* durch die große Individuenzahl bis zu einem gewissen Grade wieder ausgeglichen (SEDLAG

1953, KARL, LEHMANN, GEISSLER 1983, KARL, LEHMANN, FRITZSCHE 1985). Im allgemeinen kann gesagt werden, daß *A. fabae* in Jahren, in denen die Art stark auftritt, einen wesentlichen Anteil an der Ausbreitung des BYV hat.

Von den zahlreichen anderen in der Tabelle 17 aufgeführten Vektoren des BYV dürften im Falle eines stärkeren Auftretens zeit- und gebietsweise besonders die folgenden Arten einen nennenswerten Anteil an der Virusausbreitung haben: *Aulacorthum solani, Macrosiphum euphorbiae, Rhopalosiphoninus tulipaellus, R. staphyleae, Myzus ascalonicus, Acyrthosiphon pisum* und *Aphis nasturtii.* So stellte JADOT (1974) für belgische Verhältnisse fest, daß *A. solani, M. euphorbiae* und *M. ascalonicus* in Anbetracht ihrer zeitweise verstärkten Zuflugsaktivität eine gewisse Rolle bei der Verbreitung des BYV spielen können. Nach Beobachtungen von STEUDEL (1958a) gewinnt *R. tulipaellus* im Falle einer Nachbarschaft von Rübenmieten ein beachtliches Gewicht für die Virusausbreitung in die umliegenden Feldbestände, wenngleich der Schädigungsgrad der Rübenpflanzen nach Virusinfektion durch diese Art sehr deutlich geringer ist als nach Infektion durch *M. persicae.*

Tab. 17. Blattlausarten als Vektoren des Nekrotischen Rübenvergilbungs-Virus (BYV) (FRITZSCHE, KARL, LEHMANN, PROESELER 1972, HINZ 1970, JADOT 1975, SCHMELZER, HARTLEB 1977)

Acyrthosiphon pelargonii	*Lipahis erysimi*
A. pelargonii primulae	*Macrosiphum avenae*
A. pisum	*M. euphorbiae*
Aphis cirsiiacanthoidis	*M. gei*
A. cognatella	*M. stellariae*
A. cuscutae	*Metopolophium dirhodum*
A. evonymi	*Myzus ajugae*
A. fabae	*M. ascalonicus*
A. frangulae gossypii	*M. certus*
A. nasturtii	*M. cymbalariae*
A. sambuci	*M. ornatus*
Aulacorthum circumflexum	*M. persicae*
A. solani	*M. persicae dyslycialis*
Brevicoryne brassicae	*Rhopalosiphoninus latysiphon*
Hayhurstia atriplicis	*R. staphyleae*
Hyadaphis foeniculi	*R. tulipaellus*
Idiopterus nephrelepidis	*Rhopalosiphum padi*

8. Wechselbeziehungen zwischen Wirtspflanze, Virus und Vektor

8.1. Wirtspflanze und Virus

Pathologische Effekte durch das Milde und Nekrotische Rübenvergilbungs-Virus in der Pflanze

Elektronenmikroskopisch sind die Partikeln des BMYV in *Sinapis alba* mit einem Durchmesser von etwa 24 nm nachweisbar. Sie treten in den Zellen des degenerierten Phloems einzeln oder in kleinen Ansammlungen in der feinen Fibrillarsubstanz auf. Gelegentlich kommt es zu kristallinen Anordnungen. Der Virusbefall verursacht eine vorzeitige Alterung bestimmter Gewebeteile des Phloems und die Neubildung von Phloem, das die Leistung der abgestorbenen Zellen übernimmt (Mükler u. a. 1976). Im Vergleich zum BMYV liegen für das BYV wesentlich mehr Informationen vor. Seine Konzentration ist in den Blättern etwa einen Monat nach der Inokulation am höchsten. Die geringsten Werte sind in den Blättern zum Zeitpunkt der Ernte festzustellen (Polák, Chod 1977, zit. in: Proeseler, Fritzsche 1980).

In den Rübenblättern treten die gestreckten Partikeln des BYV in den Parenchymzellen und Siebelementen der Geleitzellen auf. In den letzteren sind meist keine pathologischen Veränderungen an Mitochondrien, Plastiden, am endoplasmatischen Retikulum und an der Plasmamembran zu erkennen. Da die Viruspartikeln auch in den Poren der Siebplatten und in den Plasmodesmen beobachtet werden können, bestätigt sich die Annahme, daß die Ausbreitung des BYV auch in Form von kompletten Partikeln passiv durch den Massenstrom von Zelle zu Zelle erfolgt (Esau u. a. 1967).

In *Tetragonia tetragonoides* werden nach Infektion durch das BYV ähnliche Veränderungen wie in der Rübe festgestellt. In den Siebelementen kann das Virus das gesamte Zellumen ausfüllen. In den Parenchymzellen degenerieren u. a. die Chloroplasten (Esau, Hoefert 1971a, b).

Nach Infektion von *Chenopodium hybridum* kollabieren die meisten Zellen im Bereich der Lokalläsionen. Viruspartikeln werden nur von der Epidermis bis zur fünften Zellschicht abwärts beobachtet. In den nekrotischen Zellen sind die Chloroplasten angeschwollen und das Thylakoid-System ist gestört. Viele histologische Veränderungen entsprechen denen von systemisch infizierten Pflanzen (Plaskitt, Bar-Joseph 1978).

Nach Infektion durch das BYV nimmt die Photosyntheseleistung der Zuckerrübe durch das Vergilben der Blätter ab. Unter intensiver Belichtung ist dieser Rückgang stärker als unter mittlerer Belichtung. Die Aufnahme von CO_2 je Blattflächeneinheit und die Assimilationsrate gehen durch die Erkrankung ebenfalls zurück. Diese Ergebnisse können im Gewächshaus wie im Freiland erzielt werden. Die Transpiration der Blätter ist vermindert, so daß sie nicht so stark welken (Hall, Loomis 1972a, b).

Die Rübenvergilbung führt zu folgenden weiteren Veränderungen des Stoffwechsels:

— erhöhter Gehalt von Kohlenhydraten in den Blättern (Glukose, Fruktose, Saccharose, unlösliche Polysaccharide),

- in den Blättern nimmt der Gesamt- und Proteinstickstoff ab und der Gehalt an Glutamin sowie Betain erhöht sich,
- in den Wurzeln ist der Gesamt-, Protein-, Glutamin- und Betainstickstoff erhöht,
- die Aktivität verschiedener Fermente (Amylase, Fruktosidase, Katalase, Phosphatase) ist vermindert.

(van Duuren 1956, Sommer 1957).

Nach Infektion durch das BYV geht der Lipidgehalt in Zuckerrübe und *Tetragonia tetragonoides* zurück. Die durch die Virusinfektion bedingte Anhäufung von reduzierenden Zuckern soll speziell zum papierchromatographischen Nachweis des BMYV geeignet sein. Die Überprüfung des Verfahrens durch Thielemann, Nagi (1977) ergab keine ausreichende Nachweissicherheit.

8.2. Vektor und Wirtspflanze

8.2.1. Einfluß des Vektors auf die Wirtspflanze

Myzus persicae besiedelt die Zuckerrübe in der Regel nur in geringer Individuenzahl, es kommt selten zur Ausbildung größerer Kolonien. Dies liegt darin begründet, daß die Chenopodiacee *Beta vulgaris* im Vergleich zu verschiedenen Kruziferen und Solanaceen für diese Blattlausart eine weniger geeignete Wirtspflanze ist. So stellt der durch *M. persicae* verursachte Saugschaden kein Problem des Pflanzenschutzes dar. Die große wirtschaftliche Bedeutung von *M. persicae* bei der Zuckerrübe beruht vielmehr nur darauf, daß die Art ein äußerst effektiver Virusvektor ist.

Anders liegen die Verhältnisse bei *Aphis fabae*, die sowohl als Direktschädling als auch als Virusüberträger ökonomische Bedeutung besitzt. Zeitpunkt und Stärke des Primärbefalls sind für das Ausmaß der Direktschädigung entscheidend. Als Folge des Zufluges der Frühjahrsmigranten kommt es auf den jungen Rübenpflanzen zunächst zur Bildung kleinerer Initialkolonien. Infolge der nach dem Adultwerden der abgesetzten Larven einsetzenden Vermehrungsphase entstehen bald an den Herzblättern und den Unterseiten der entfalteten älteren Blätter größere Blattlauskolonien. Die Phase des Befallshöhepunktes bildet sich in Jahren mit starkem Primärbefall und warmer Juni- und Juliwitterung gewöhnlich vor Mitte Juli aus (Behrendt, Fritzsche 1975).

Der Befall durch *A. fabae* wird dann ertragswirksam, wenn bereits Jungpflanzen besiedelt werden und die primär befallenen Pflanzen über mehrere Wochen verlaust sind, so daß starke Blattkräuselung und Kümmerwuchs eintreten. In diesem Sinne gilt eine Rübenpflanze als gefährdet, wenn der Blattlausbesatz prognostisch bis Ende Juni zu kümmernden Pflanzen mit mehr als 2000 Blattläusen führen würde. Dies wäre beispielsweise gegeben, wenn im 2- bis 6-Blattstadium mindestens 1 Blatt mit Blattkräuselung und lebendem Blattlausbesatz vorhanden ist, oder wenn im 7- bis 8-Blattstadium mindestens 50% der entfalteten Blätter durch lebende Blattlauskolonien gekräuselt sind. Für die Pflanzenschutzpraxis der DDR sind zur Bekämpfung von *A. fabae* als Direktschädling Bekämpfungswerte erarbeitet worden, die maßgeblich auf der Anzahl gefährdeter Pflanzen im betreffenden Stadium je Kontrolleinheit (Boniturlinie) basieren (Behrendt 1982).

8.2.2. Einfluß der Wirtspflanze auf den Vektor

Das Alter der Pflanze bzw. des Pflanzenorgans hat bei den Aphidenarten ganz allgemein einen wesentlichen Einfluß auf die Ansiedlung und die Besiedlungsdichte der Blattläuse. So bevorzugt *A. fabae* die jüngeren Rübenblätter, auf denen sie sich auch am besten vermehrt. Mit fortschreitendem Pflanzenwachstum findet eine Umverteilung der Population auf der Pflanze insofern statt, als in Abhängigkeit vom mit dem Blattalter sich ändernden Nährstoffgehalt ein Teil der Ungeflügelten auf die nachwachsenden Herzblätter abwandert und dort neue Kolonien begründet (Jepson 1983).

Es ist eine allgemeingültige Erkenntnis, daß die Nährstoffe, die mit dem Phloemsaft von der Blattlaus aufgenommen werden, im Verlaufe der Pflanzenentwicklung einer Veränderung unterworfen sind. Es ändert sich unter anderem das Verhältnis von stickstoffhaltigen Verbindungen zu Zuckern (Stickstoff-Kohlehydrat-Relation), wobei sich eine anteilmäßige Zunahme der Zucker auf die Blattlausentwicklung negativ auswirkt. Schließlich kommt die Rübenpflanze in eine Entwicklungsphase, in der sie für die weitere Ernährung der Blattläuse ungeeignet wird. In Verbindung mit einer zunehmenden Ausbildung geflügelter Aphiden erfolgt ein Abwandern von solchen Pflanzen (Weismann, Vallo 1963). Es ließ sich für *A. fabae* an Zuckerrübe feststellen, daß die Tiere verspätet Junglarven absetzen, wenn der absolute Zuckergehalt des Pflanzensaftes höhere Werte erreicht hat als der Gehalt an organischem Stickstoff (Alikhan 1960). Ein Vergleich der qualitativen und quantitativen Veränderungen im Aminosäurespektrum am Saugort mit der Entwicklung der Blattlauspopulation zeigte, daß das Vorkommen von Asparagin und Arginin im Substrat örtlich und zeitlich mit der maximalen Entfaltung der Kolonien von *A. fabae* zusammenfällt. Offenbar sind diese beiden Aminosäuren für die Ernährung von *A. fabae* besonders wichtig (Weismann, Halanda 1968).

Vergleichende Versuche mit *A. fabae* und *M. persicae* ergaben, daß die erstgenannte Art die in einem für die Blattlaus ungünstigen physiologischen Zustand befindlichen größeren Rübenblätter konsequenter meidet als *M. persicae*, welche sich auch auf älteren Blättern häufiger ansiedelt (Kennedy u. a. 1950). Für die massenhafte Entstehung geflügelter Formen ist neben dem durch Überbesiedlung bedingten „Gedrängefaktor" vor allem der sich verschlechternde physiologische Zustand der Wirtspflanzen ein auslösender Reiz.

8.2.3. Einfluß von Düngung und Pflanzenschutzmitteln über die Wirtspflanze auf den Vektor

Zwischen der Stickstoffdüngung der Rübenpflanzen und der Ansiedlung und Vermehrung von Blattläusen sind Beziehungen nachgewiesen. So wird aus England berichtet, daß eine erhöhte N-Düngung verstärkten Befall der Pflanzen mit *M. persicae* zur Folge hatte (Heathcote 1969). Weitere Versuche zeigten, daß die Zahl der mit *M. persicae* und *A. fabae* befallenen Pflanzen in den Parzellen mit zusätzlicher N-Düngung deutlich höher war als in denen ohne N-Düngung. Auch die Zahl der Aphiden pro Pflanze wurde durch N-Düngung erhöht (Heathcote 1974). El-Tigani (1962), der an zahlreichen Wirtspflanzen und Aphidenarten den Einfluß der Düngung auf die Blattlausentwicklung untersuchte, kam zu der allgemeinen Schlußfolgerung, daß eine von der Norm abweichende Mineraldüngung in der Mehrzahl der Fälle einen verstärkten Blattlausbefall zur Folge hat. Im speziellen Fall von *A. fabae* an Zuckerrübe ergaben die Versuche, daß P- bzw. K-Mangel die Blattlausvermehrung eindeutig förderte, für die Varianten N-Mangel bzw. N-Überschuß konnten dagegen keine gesicherten Unterschiede zur Normaldüngung ermittelt werden.

Auch eine Behandlung mit Pflanzenschutzmitteln kann zu stoffwechselphysiologischen Veränderungen in den Pflanzen führen, was sich wiederum auf die Blattlausentwicklung auswirkt. Auf mit DDT behandelten Rübensamenträger kam es zu einer besonders starken Vermehrung von *A. fabae*, wenn im Versuch die Ansiedlung der Tiere am 8. Tag nach der Insektizidbehandlung erfolgte (SMIRNOVA 1965). Über die Auswirkung einer Betanal-Behandlung von Zuckerrüben auf die Populationsentwicklung von *A. fabae* und *M. persicae* berichtet RIECKMANN (1975). Die Aphiden reagierten zunächst mit einer verminderten, später jedoch einer verstärkten Besiedlung. Für die Anfangswirkung ist neben der abschreckenden Wirkung des Spritzbelages eine vorübergehende Absenkung des Zucker- und Aminosäurespiegels durch die Aktivsubstanz Phenmedipham verantwortlich zu machen. Später jedoch verursacht der veränderte Metabolismus mit Betanal behandelter Pflanzen einen erhöhten Gehalt an freien Aminosäuren, die ein Phagostimulans für Blattläuse darstellen und damit die Ansiedlung fördern. Außerdem erzielten die auf behandelten Pflanzen heranwachsenden Larven in der ersten Lebenswoche einen deutlichen Gewichtsvorsprung gegenüber den Kontrolltieren.

8.3. Wirtspflanze — Virus — Vektor

8.3.1. Virusaufnahme und -abgabe, Persistenz

Die in diesem Abschnitt mitgeteilten Befunde wurden in Versuchen mit *Myzus persicae* gewonnen, dem mit Abstand effektivsten Vektor für beide Vergilbungsviren (siehe 5.3.). Für das BMYV und das BYV sind in der Tabelle 18 die an *M. persicae* ermittelten Zeitwerte für Virusaufnahme und -abgabe, Zirkulation und Persistenz einander gegenübergestellt. Aus diesen Angaben geht hervor, daß das BMYV ein typisches persistentes Virus ist, während das BYV die Merkmale eines semipersistenten Virus aufweist.

Tab. 18. Beziehungen von *Myzus persicae* zum Milden (BMYV) und Nekrotischen Rübenvergilbungs-Virus (BYV): Übertragungs-, Zirkulations- und Retentionszeiten

		BMYV	BYV
Akquisition	Minimum	2 h	5—10 min
	Optimum	48 h	12 h
Zirkulation		24 h	keine
Inokulation	Minimum	30 min	5—10 min
	Optimum	48 h	6 h
Persistenz		9 d	4 d

Virusaufnahme

Beide Vergilbungsviren sind vornehmlich im Phloem der Wirtspflanzen lokalisiert. Die Mindestakquisitionssaugzeiten können folglich, im Gegensatz zum Rübenmosaik-Virus und den meisten anderen nichtpersistenten Viren, nicht im Bereich von Sekunden liegen, denn die Blattlaus benötigt bis zum Erreichen des Phloems mehrere Minuten. So entspricht die Mindestaufnahmezeit für das semipersistente BYV mit 5 bis 10 Minuten dem zu erwartenden Wert. Ghena (1977) gibt eine Mindestzeit von 15 Minuten an. Der für das persistente BMYV angegebene Zeitwert von 2 Stunden stellt sicher noch nicht die unterste Grenze dar, denn für das nahe verwandte Westliche Rübenvergilbungs-Virus (BWYV) wurde eine Mindestakquisitionssaugzeit von 5 Minuten ermittelt (Kyriakou, Close, Ashby 1983). Die Werte für eine Akquisitionszeit, die für die Virusübertragung optimal sind, liegen bedeutungsvoll höher als die Mindestaufnahmezeiten, was für persistente, aber auch semipersistente Viren typisch ist. Man kann für das persistente BMYV eine optimale Akquisitionsgelegenheitszeit von etwa 48 Stunden angeben, für das semipersistente BYV eine solche von etwa 12 Stunden.

Zirkulation

Semipersistente Viren zirkulieren nicht im Vektor, eine entsprechende Latenzzeit entfällt folglich für das BYV. Auch geht bei der Häutung der Blattlaus von einem zum anderen Entwicklungsstadium die Virusinfektiosität verloren, ein Vorgang, den die semipersistenten Viren mit den nichtpersistenten gemeinsam haben. Für das persistente BMYV kann aus den Versuchen auf eine Latenzzeit von etwa 24 Stunden geschlossen werden (Björling, Nilsson 1966). Eine Vermehrung im Vektor ließ sich für das BMYV nicht nachweisen, ebensowenig eine Weitergabe des Virus an die Nachkommenschaft, also an die zu gebärenden Larven.

Virusabgabe

Auch hier gilt für beide Vergilbungsviren, daß die Mindestinokulationssaugzeit im Bereich von mehreren Minuten liegen muß, da das Anstechen des Phloems Voraussetzung für eine erfolgreiche Virusübertragung sein dürfte. Was die optimale Virusabgabezeit betrifft, so gilt entsprechendes wie für die Virusaufnahme. Inokulationsgelegenheitszeiten, die über 6 Stunden hinausgehen, bringen beim BYV normalerweise keine weitere Verbesserung des Übertragungserfolges. Die optimale Virusabgabezeit für das BMYV hängt, wie bei den persistenten Viren allgemein, auch ab von der Länge der Akquisitionsgelegenheitszeit. Ist letztere lang (z. B. 48 Stunden), dann ist eine Inokulationszeit von 24 Stunden bereits optimal (Russell 1962). Bei relativ kurzen Akquisitionszeiten sollte die Inokulationsgelegenheitszeit mindestens 48 Stunden betragen, um optimale Übertragungsergebnisse zu erzielen (Björling, Nillson 1966, Polák, Chod 1975).

Virusübertragung nach künstlicher Verfütterung

Zur Klärung spezieller Fragen kann im Experiment virushaltige Lösung durch Parafilm-Membran hindurch an Blattläuse verfüttert werden (Hartleb 1974, Duffus, Russell 1975, Thielemann, Nagi 1979). Diese Methode hat sich insbesondere beim BMYV bewährt, da dieses Virus (wie die meisten persistenten Viren) nicht durch mechanische Inokulation von infektiösem Pflanzenpreßsaft übertragbar ist. Auf Grund der geringen

Konzentration, die das BMYV in der Pflanze erreicht, ist seine Anreicherung durch Zentrifugation der Lösung empfehlenswert. Ein Zusatz von 20% Rohrzucker zur virushaltigen Lösung erhöht die Saugbereitschaft der Blattläuse. Zur Virusaufnahme aus der Lösung bewährte sich ein Aufenthalt der Aphiden (*M. persicae*) in der Fütterungskammer von 30 bis 50 Stunden und zur Virusübertragung auf die Testpflanzen eine Inokulationsgelegenheitszeit von 48 Stunden (Hartleb 1974). — Die Übertragung des fadenförmigen semipersistenten BYV nach künstlicher Verfütterung an *M. persicae* ist bisher nicht gelungen. In entsprechenden Versuchen saugten die Tiere 6 bis 16 Stunden über Parafilm-Membran an gereinigter Viruslösung (mit Saccharose-Zusatz) bzw. an frischem Rohsaft infizierter Pflanzen (Brčak, Polák 1970).

Persistenz

Die Dauer der Infektiosität des Vektors (Retentionszeit) hängt in erster Linie vom Übertragungsmechanismus des betreffenden Virus ab. Abgesehen davon, daß die Infektiosität bei einem semipersistenten Virus mit der Häutung der Larven verlorengeht, bleibt auch eine adulte Blattlaus, nachdem sie Virus aufgenommen hat, nur 2 bis 4 Tage, selten etwas länger, infektiös. Die Zeit, in der die Infektiosität des von den Blattläusen aufgenommenen Virus auf die Hälfte abgesunken ist („half-life"-Wert), beträgt beim BYV nach Sylvester 1956 ca. 8. Stunden. Für das persistente BMYV wurden Retentionszeiten bis zu 9 Tagen nachgewiesen (Russell 1962). In manchen Fällen wird die Persistenz sicher noch länger anhalten, da die Vektoren nach Aufnahme eines persistenten Virus u. U. zeitlebens infektiös bleiben können.

8.3.2. Beeinflussung der Virusübertragung

Die Herkünfte, Stämme oder Rassen einer Vektorart können sich im Hinblick auf die Übertragungsfähigkeit für ein bestimmtes Virus deutlich unterscheiden. Dies kann soweit gehen, daß manche Vektorformen das Virus praktisch gar nicht zu übertragen vermögen. Björling, Ossiannilsson (1958) fanden für das BYV genetisch fixierte Unterschiede im Übertragungsvermögen zwischen Stämmen von *M. persicae* und auch einigen von *A. fabae*, die sich teilweise statistisch absichern ließen. Der am schlechtesten übertragende Stamm von *M. persicae* und der am besten übertragene von *A. fabae* wiesen etwa die gleiche Vektoreffektivität auf, was ein weiteres Beispiel für die bedeutend höhere Übertragungsleistung von *M. persicae* gegenüber *A. fabae* ist (siehe 5.3.). Hinz (1970) fand auch zwischen drei Rassen von Acyrthosiphon pisum eindeutige Unterschiede in der Vektorpotenz gegenüber dem BYV. Mit dem BMYV und einer Reihe verschiedener Herkünfte von *A. fabae* führten Thielemann, Nagi (1979) Übertragungsversuche durch. Die *A. fabae*-Herkünfte gingen aus Eigelegen an den Winterwirten *Evonymus europaea* und *Viburnum opulus* hervor, die aus verschiedenen Gebieten der BRD sowie aus Holland, Frankreich und Österreich stammten. Es haben sich zwischen den Herkünften keine Unterschiede in der Stärke der Virusübertragung auffinden lassen.

Nach bisheriger Kenntnis unterscheiden sich geflügelte und ungeflügelte Formen einer Aphidenart nicht wesentlich in der Übertragungsrate von Vergilbungsviren. Dies konnten beispielsweise Heathcote, Cockbain (1964) im Falle des BYV für *M. persicae* und *A. fabae* nachweisen; lediglich die Dauer der Übertragungsfähigkeit war bei ungeflügelten Tieren etwas kürzer als bei geflügelten. In Versuchen von Karl, Lehmann,

FRITZSCHE (1985) betrug die Übertragungsrate für das BYV bei geflügelten *M. persicae* 46,7%, bei ungeflügelten 54,4%; beide Morphen übertrugen mit etwa gleicher Effektivität, der Unterschied war statistisch nicht gesichert.

Zwischen den Entwicklungsstadien einer Aphidenart bestehen hinsichtlich der Übertragung des BYV offenbar deutlichere Unterschiede. Die besten Vektoren waren in Versuchen von HINZ (1974) sowohl bei *M. persicae* als auch bei *A. fabae* die 5 bis 7 Tage alten Larven; bei diesen war der Anteil infizierter Testpflanzen etwa doppelt so hoch wie bei 3 Tage alten Larven bzw. wie bei den Adulten. Zumindest für *M. persicae* ließen sich diese Unterschiede statistisch sichern.

Einen wesentlichen Einfluß auf die Virusübertragung kann die Anzahl der je Pflanze das Virus inokulierenden Vektorindividuen haben. So verkürzte sich mit steigender Individuenzahl (*M. persicae*) die durchschnittliche Inkubationszeit des BYV in der Pflanze und nahm die Intensität der Virussymptome zu (STEUDEL 1958b). — Einen Einfluß auf die Virusinfektion hat auch das Ausmaß der Vorbesiedlung der Pflanzen mit Blattläusen und deren Saugschaden. Dies trifft für *A. fabae* zu, die auf diese Weise außer als Virusvektor auch indirekt auf die Virusepidemiologie Einfluß nimmt. So wiesen STEUDEL, THIELEMANN (1968) nach, daß durch A. *fabae* verursachte schwere Saugschäden die Empfindlichkeit der Pflanzen für eine Infektion mit Vergilbungsviren beachtlich erhöhen, was letztlich auch eine Vergrößerung der Ertragsverluste zur Folge hat.

8.3.3. Einfluß der viruskranken Pflanze auf das Verhalten der Vektoren

Eine viruskranke Pflanze kann die Ansiedlung und Vermehrung der Aphiden auf verschiedene Weise beeinflussen. Pflanzen mit Vergilbungssymptomen haben auf viele geflügelte Aphiden eine anlockende Wirkung, da zahlreiche Blattlausarten gelbe Gegenstände bevorzugt anfliegen. Auf diese Weise kann die Ansiedlungsrate auf symptomtragenden Pflanzen höher sein als auf anderen. Weiterhin verändert eine Virusinfektion den Stoffwechsel der Wirtspflanze, was oftmals ein verändertes Nährstoffangebot für die Aphiden zur Folge hat. Dies kann sich positiv oder negativ auf die Ansiedlung und vor allem die Vermehrung der Blattläuse auswirken. Einige für die Beta-Rüben bekanntgewordene Beispiele seien angeführt.

Bereits HIJNER, MARTINEZ, CORDON (1953) machten die Beobachtung, daß sich *M. persicae* auf vergilbungskranken Rüben besser vermehrt als auf gesunden. BAKER (1960) stellte fest, daß die Aphiden verschiedener Arten auf Blättern mit starken Symptomen des BYV sich schneller vermehrten und länger lebten als auf grünen Blättern. In Versuchen von MACIAS, MINK (1969) bevorzugte *M. persicae* vergilbungskranke Rübenblätter vor symptomlosen oder vor solchen, die mit dem Rübenmosaik- (beet mosaic virus) oder dem Rübenkräuselschopf-Virus (beet curly top virus) infiziert waren. Untersuchungen von FRITZSCHE, THIELE (1979) ergaben, daß ein Befall mit dem Rübenmosaik-Virus eine negative Wirkung auf die Vermehrung von *A. fabae* ausübte.

9. Verbreitung und Epidemiologie der Vergilbungs-Viren

9.1. Verbreitung

Obwohl das Krankheitsbild der virösen Rübenvergilbung bereits aus mehreren europäischen und außereuropäischen Ländern bekannt ist, ist eine exakte Analyse der Verbreitung der beiden Vergilbungsviren erst seit dem Jahre 1958, der Erstbeschreibung des BMYV und damit der Auftrennung des Vergilbungskomplexes hinsichtlich seiner Erreger BYV und BMYV durch RUSSELL, möglich. Unter diesem Gesichtspunkt kann das BYV heute als weltweit verbreitet angesehen werden (HARTLEB 1976, SCHMELZER, HARTLEB 1977, PROESELER, FRITZSCHE (1980). Seit seiner Erstbeschreibung in England (RUSSELL 1958) konnte nachgewiesen werden, daß das BMYV in allen Rüben anbauenden Ländern Europas einschließlich der Rübenanbaugebiete der Sowjetunion auftritt (PROESELER, FRITZSCHE 1980, Anonym 1984). Vom amerikanischen Kontinent ist das Westliche Rübenvergilbungs-Virus (beet western yellow virus, BWYV) bekannt (DUFFUS 1960), welches nach neuesten Befunden serologisch identisch mit dem BMYV ist (BRIEST 1984). Über ein mögliches Vorkommen des BMYV auf dem amerikanischen Kontinent können Aussagen erst nach Vorliegen weiterer Untersuchungen zur Stammproblematik getroffen werden (DUFFUS 1973).

In der DDR sind die beiden Vergilbungsviren heute in allen Rüben anbauenden Bezirken verbreitet. Nach WIESNER u. a. (1976) war die Durchseuchung des gesamten Anbaugebietes im Jahre 1955 abgeschlossen. Langjährige Beobachtungen (WIESNER 1959a, WIESNER u. a. 1976, HARTLEB 1976, FRITZSCHE u. a. 1980a—c) zeigen, daß sich das Hauptbefallsgebiet konzentriert auf:

- die Zuckerrüben anbauenden Kreise des Bezirkes Halle,
- Bezirk Magdeburg mit Ausnahme der nördlichen Kreise und der Kreise östlich der Elbe,
- westliche Kreise des Bezirkes Dresden,
- mittlere und östliche Kreise des Bezirkes Erfurt,
- bestimmte Territorien im Bezirk Leipzig (Kreise: Leipzig, Grimma, Wurzen).

In diesen Gebieten ist in Befallsjahren regelmäßig mit starkem Auftreten zu rechnen.

9.2. Epidemiologie

Bereits im Jahre 1779 schreibt ACHARD in seiner „Ausführlichen Beschreibung der Methode, nach welcher bei der Kultur der Runkelrübe verfahren werden muß“: „Wie ich schon bemerkt habe, ist das Abblatten der Rübenpflanzen sorgfältig zu vermeiden, jedoch nur in so fern das Abbrechen der grünen noch im Wachstum stehenden Blätter darunter verstanden wird. Die unteren Blätter werden oft gelb und sterben ab. In diesem Zustand des Absterbens können sie ohne allen Nachteil abgenommen werden ...". In Anbetracht des damaligen Standes der phytopathologischen Forschung und Diagnose können wissenschaftlich begründete Schlußfolgerungen hinsichtlich der Vergilbungsursachen aus diesen Beobachtungen jedoch nicht abgeleitet werden. Erstmalig weist KLINKOWSKI (1971) in einer umfangreichen Analyse nach, daß die Ausbreitung der Nekrotischen Rübenvergilbung im Jahre 1898 in Frankreich begann, wobei tolerante Wildrüben wahrscheinlich die Ausgangsherde der Infektionskettte waren. Heute liegt zur Epidemiologie der virösen Rübenvergilbung eine Reihe grundsätzlicher Arbeiten vor (KLINKOWSKI, SEDLAG 1953, WIESNER 1959a, ROLAND u. a. 1968, JADOT 1972, 1974, 1976, BJÖRLING 1976). Bemerkenswert ist die Feststellung, daß sich seit Beginn der dreißiger Jahre dieses Jahrhunderts diese Krankheit, hervorgerufen durch das BMYV und das BYV, von den westeuropäischen Ländern in östlicher und südlicher Richtung ausgebreitet hat. Im Jahre 1948 wurde sie erstmalig auf dem Gebiet der DDR nachgewiesen (HEINZE 1949). Den neuesten Kenntnisstand zur Epidemiologie dieser Krankheit unter besonderer Berücksichtigung des Hauptbefallsgebietes in der DDR, der Magdeburger Börde, legen FRITZSCHE, KLEINHEMPEL (1984) dar. Die wichtigsten epidemiologischen Faktoren sind:

— die Infektionsreservoire,
— die Biologie und Ökologie der als Vektoren in Frage kommenden Blattlausarten und die Wechselbeziehungen zwischen Vektor, Wirtspflanze und Virus.

9.2.1. Infektionsreservoire

Auf Grund langjähriger Erfahrungen in allen Rüben anbauenden Ländern unterliegt es heute keinem Zweifel, daß die wichtigsten Brückenwirte für beide Vergilbungsviren die Samenträger von Futter- und Zuckerrüben, die Stecklinge von Futter- und Zuckerrüben in Mieten sowie besonders die auf dem Feld überwinternden Vermehrungsbestände dieser Kulturpflanzen, welche Ende Juli bis Anfang August ausgesät wurden (direktes Anbauverfahren) sind. Nach milden Wintern und in klimatisch günstigen Gebieten können vor allem an letzteren Blattläuse im Imaginalstadium anholozyklisch überwintern. Im Frühjahr verlassen sie dann bereits infektiös ihre Winterwirte (DUBNIK 1977a, KARL u. a. 1981). Gelangen sie im Frühjahr nach dem Auflaufen der jungen Rübenpflanzen auf die Fabrikrübenbestände, kommt es zu den besonders gefährlichen Frühinfektionen. In bestimmten Gebieten kommen von den Kulturpflanzen auch Winterraps (BRIEST u. a. 1984, FRITZSCHE, KLEINHEMPEL 1984), Winterspinat und Mangold in Frage (PROESELER, FRITZSCHE 1980). Die sich aus dieser Tatsache ableitenden vorbeugenden Maßnahmen werden in einem folgenden Abschnitt besprochen. Auf die unterschiedliche epidemiologische Bedeutung der verschiedenen Aussaaten von Stecklingen weist WIESNER (1959b, 1983) besonders hin.

Die Bedeutung der Unkräuter als Infektionsquellen wird je nach der klimatischen Lage der zu Grunde liegenden Untersuchungsgebiete unterschiedlich eingeschätzt. Es besteht Übereinstimmung darüber, daß im Sommer viruskranke Unkräuter an den Feldrändern sowie auf Öd- und Unland eine ständige Infektionsquelle für die Kulturpflanzenbestände darstellen, sofern sie gleichzeitig auch Wirtspflanzen der Vektoren sind (Ksiażek 1973). Als Infektionsreservoire für die Frühjahrsinfektionen kommen sie jedoch nur in solchen Gebieten bzw. nach solchen Wintern in Frage, die auf Grund der Temperaturbedingungen ein Überleben zulassen (Ksiażek 1973). Eingehende Untersuchungen über die Bedeutung der einzelnen Unkrautarten in der Infektionskette finden sich vor allem bei Jadot (1974), Hartleb (1982), Hartleb, Bauer (1977). Björling (1976) mißt auf Grund einer Analyse in den meisten europäischen Ländern die größte epidemiologische Bedeutung den Arten *Stellaria media, Senecio vulgaris* und *Capsella bursa-pastoris* bei. Dies gilt auch für das Hauptbefallsgebiet in der DDR (Hartleb, Bauer 1977). Dazu kommen hier vor allem auch wild aufgelaufene Raps- und Rübenpflanzen in Straßengräben und an Wegrändern. Bei einem Vergleich von zwei aneinander grenzenden landwirtschaftlich vergleichbaren Gebieten innerhalb des Hauptsbefallsgebietes der virösen Rübenvergilbung wurden je 100 km Straßenränder auf Besatz mit diesen als Virusreservoire dienenden Pflanzen untersucht. In dem Gebiet, in dem regelmäßig der höchste Vergilbungsbefall zu verzeichnen war, konnten auf dieser Länge ca. 140.000 Rapspflanzen und ca. 72.000 wild aufgelaufene Rübenpflanzen festgestellt werden. In dem benachbarten Gebiet mit regelmäßig geringerem Vergilbungsbefall wurden dagegen nur 2600 Rapspflanzen und ca. 60 Rübenpflanzen gefunden (Fritzsche, Kleinhempel 1984). Im serologischen Test (ELISA) erwiesen sich diese Pflanzen in beiden Gebieten hinsichtlich Infektion mit dem BMYV als positiv. Gleichzeitig waren sie Wirtspflanzen für anholozyklisch überwinternde *Myzus persicae*. Einen ähnlichen Effekt hinsichtlich ihrer Bedeutung als Ausgangsquellen für Infektionen der Fabrikrübenbestände wie die Vermehrungskulturen weisen Petersen (1961) und Jadot (1976) für Futterrübensilos bzw. Futterrübenmieten nach. Den höchsten Besatz mit Vergilbungsviren wiesen hiernach solche Gebiete auf, in denen auch die Konzentration dieser Silos bzw. Mieten am höchsten war.

9.2.2. Vektoren als epidemiologischer Faktor

Roland (nach Hansen 1960) gelang es im Jahre 1936 als erstem, mit dem Nachweis der Übertragung der Vergilbungsviren durch die Blattlausart *Myzus persicae* (Sulz.) und *Aphis fabae* Scop. deren Bedeutung als epidemiologischer Faktor zu erkennen. Die ersten gründlichen Untersuchungen über die Zusammenhänge zwischen Vergilbungsauftreten und -ausbreitung und dem Auftreten der als Vektoren in Frage kommenden Blattlausarten stammen von Hansen (1950). Seitdem wurden zu diesem Problem in allen von dieser Viruskrankheit betroffenen Ländern intensive und in den wesentlichen Fakten übereinstimmende Ergebnisse (Petersen 1961) gesammelt. Damit stellen die Vektoren neben den Infektionsreservoiren den entscheidenden Faktor in der Epidemiologie der Vergilbungsviren dar. Ihre Lebensweise, ihr Flugverhalten, die Abhängigkeit der Agilität sowie der Populationsenwicklung von Klima- und Witterungsfaktoren, Wechselwirkungen zwischen Vektor und Wirtspflanze u. a. bestimmen weitgehend ihre Effektivität bei der Ausbreitung der von ihnen übertragenen Viren sowohl innerhalb eines Bestandes als auch zwischen den Beständen sowie im Rahmen großer Areale. Es ist auf Grund der hierzu vorliegenden umfangreichen Literatur an dieser Stelle nicht möglich, dieses Problem ausführlich darzustellen. Wesentliche Beiträge finden sich bei Schmidt (1958), Wiesner (1959a), Müller (1954), Fritzsche u. a. (1972), Weismann (1975), Jadot (1975). Sie weisen übereinstimmend aus, daß in Jahren mit günstigen Entwicklungsbedingungen für die Vektoren auch günstige Bedingungen für die Entwicklung der Vergilbungskrankheit gegeben sind.

Von den Faktoren, die innerhalb der Wechselbeziehungen zwischen Vektor, Wirtspflanze und Virus im weitesten Sinne Einfluß auf die Effektivität der Aphiden als Vektoren bzw. die Virusübertragung und Ausbreitung haben können, seien folgende genannt, für die entsprechende Beispiele von FRITZSCHE u. a. (1972) angeführt werden:

- unterschiedliche Vermehrung auf viruskranken und gesunden Pflanzen,
- unterschiedliche Vektoreignung verschiedener Blattlausarten, Morphen und Herkünfte,
- Einflüsse der Temperatur auf die Infektiosität der Aphiden,
- unterschiedliche Besiedelung bzw. Attraktivität lückiger bzw. dichter Bestände.

Die Eigenbewegung bzw. die passive Verfrachtung der Vektoren sind die wesentlichsten Faktoren für die Virusausbreitung vom Infektionsreservoir zum Rübenbestand bzw. zwischen verschiedenen Rübenbeständen über mehr oder weniger weite Distanzen. Dabei spielt die Infektiositätsdauer der geflügelten Aphiden keine geringe Rolle. Während die Aphiden nach Aufnahme des BMYV zeitlebens infektiös bleiben, beträgt die Infektiosität von *M. persicae* 8 Stunden nach Aufnahme des BYV noch 43,3%, nach 32 Stunden 6,7% (KARL, GIERSEMEHL 1986). Bei der passiven Verfrachtung geflügelter *M. persicae* reichen diese Zeiten noch aus, daß infektiöse Tiere bis in mehrere 100 km entfernte Rübenbestände verschleppt werden können. Bei Annahme einer Windgeschwindigkeit von 20 km/Stunde und Einhaltung der Windrichtung würden nach 7 Stunden bereits 160 km im passiven Flug zurückgelegt sein.

Zum Problem der Ausbreitungsgeschwindigkeit der beiden Blattlausarten innerhalb eines Rübenbestandes liegen verschiedene Untersuchungen unter Verwendung radioaktiv markierter Tiere vor. IMPENS (1964) und IMPENS, FRANCOIS, RIGA (1965) stellten auf diese Weise fest, daß sich innerhalb von 48 Stunden *A. fabae* bis zu 10 Metern und *M. persicae* bis zu 18 Metern entweder durch aktives Fliegen oder durch Verwehen mit dem Wind von der Ausgangspflanze zu entfernen vermögen. Aber auch die aktive Wanderung von Larven und Adulten beider Arten von Pflanze zu Pflanze ist möglich. So konnte nachgewiesen werden, daß auf diesem Wege innerhalb von 11 Tagen im Umkreis um die Ausgangspflanze bis zu 1,15 Metern wandernd zurückgelegt werden, wobei mindestens 30 Pflanzen besiedelt werden können (FRITZSCHE u. a. 1985). Hieraus wird deutlich, daß für die Bestandesdurchseuchung mit Vergilbungsviren neben dem Zuflug infektiöser Blattläuse von den Virusreservoiren her das aktive Fliegen sowie die Verwehung mit dem Wind im Bestand und für die Bildung der charakteristischen „Vergilbungsnester" die aktive Wanderung der Blattläuse verantwortlich gemacht werden müssen. Letztere ist epidemiologisch vor allem nach Ausbildung von Blattlauskolonien auf den Blättern bedeutsam.

Bei Untersuchungen in Zuckerrübengroßbeständen konnte nachgewiesen werden, daß die gesamten Bestände bereits bei Beginn des Zufluges nahezu gleichmäßig angeflogen werden und die beiden Blattlausarten weitgehend gleichmäßig über die gesamten Bestände verbreitet sind. Dies findet seinen Niederschlag dann später auch in der Verbreitung der Infektionsherde in den Beständen (LEHMANN u. a. 1982, KARL u. a. 1983) Eine signifikant nachweisbare Bevorzugung der Feldränder bei der Besiedlung durch die Blattläuse ist nicht nachweisbar. Zu berücksichtigen ist allerdings für die Beurteilung einer Befallsituation, daß die Ausbreitungsgeschwindigkeit der Vektoren im wesentlichen durch Witterungsfaktoren bestimmt und durch unterschiedliche Qualität der Ackerkultur modifiziert wird (Björling 1976).

Aus dem Zusammenwirken der verschiedenen epidemiologischen Faktoren ergibt sich die jeweilige Befallssituation sowie der Befallsverlauf in den Rübenbeständen, wobei diese von Bestand zu Bestand sowie von Territorium zu Territorium unterschiedlich sein können. So finden sich in der Praxis vielfach Bestände mit starkem Befall mit Vergilbungsviren neben solchen mit geringem. Dies gilt auch für benachbarte Territorien. Auf die besondere Bedeutung von Kulturmaßnahmen bzw. der Ackerkultur für die Bestandesdurchseuchung bzw. die Stärke des Vergilbungsauftretens wird bei der Besprechung der möglichen Bekämpfungsmaßnahmen eingegangen.

10. Möglichkeiten und Maßnahmen zur Senkung des Befalls mit Vergilbungs-Viren

Auf Grund der wirtschaftlichen Bedeutung der Vergilbungs-Viren für die Höhe und Stabilität der Rüben- und Zuckererträge wird in allen Zuckerrüben anbauenden Ländern den Maßnahmen zur Senkung des Virusbefalls besondere Beachtung geschenkt. Sie erstrecken sich auf:

— vorbeugende Maßnahmen,
— Bekämpfung der Vektoren mit Insektiziden,
— Resistenzzüchtung.

Dabei besteht auf Grund langjähriger Untersuchungen heute Übereinstimmung darin, daß die höchste Effektivität nur durch sinnvolle Kombination und Integration aller zur Verfügung stehenden Maßnahmen erreichbar ist. Einzelmaßnahmen führen immer nur zu einem mehr oder weniger wirksamen Teilerfolg (Hansen 1950, Steudel, Blaesens 1957, Lange, Kishiyama, Hills 1978, Krexner 1979, Rieckmann 1980, Anonym 1981, Fritzsche, Kleinhempel 1984, Heijbroek 1984).

Auf Grund der in den letzten beiden Jahrzehnten außerordentlich stark angewachsenen Untersuchungsergebnisse aus allen von dieser Krankheit betroffenen Ländern sollen im Folgenden die wesentlichsten Bekämpfungsprinzipien an charakteristischen Beispielen dargestellt werden. In den zitierten Arbeiten wird auf weiterführende Literatur verwiesen.

10.1. Vorbeugende Maßnahmen

10.1.1. Standortwahl

Bei vektorübertragbaren Viren gehört die Wahl des Standortes der betroffenen Kulturflächen zu dem Maßnahmekomplex zur Senkung der Infektionsgefahr. Diese ist um so höher, je kürzer die Entfernung zwischen den Infektionsreservoiren und den jeweiligen Kulturarten ist, besonders wenn diese Infektionsreservoire gleichzeitig Wirte der virusübertragenden Blattläuse sind und an ihnen in bestimmten Jahren auch anholozyklische Überwinterung der Tiere möglich ist. Nach Hansen (1950) hat bereits im Jahre 1933 de Clerque erkannt, daß die Ausbreitung der Vergilbung der Rüben von Samenträgerrüben ausgeht. In eingehenden Untersuchungen konnte er eindeutig nachweisen, daß Vermehrungsflächen der Zucker- und Futterrübe entscheidende Infektionsquellen für die Fabrikrübenbestände sind. Je kürzer die Entfernung zwischen diesen Beständen zueinander ist, um so größer ist die Infektionsgefahr und damit auch der Befall der

Fabrikrüben mit Vergilbungsviren. In mehrjährigen Untersuchungen wies er nach, daß der höchste Befall von Fabrikrüben mit Vergilbungsviren auf solchen Flächen vorliegt und auch zu erwarten ist, die in einem Abstand bis zu 1000 Metern von Vermehrungsflächen angebaut werden. Erst bei Entfernungen zwischen 2000 und 3000 Metern sinkt der Befall mit viröser Vergilbung auf unter 10% in Befallsjahren ab. Auch die Konzentration der Vermehrungsflächen innerhalb eines bestimmten Territoriums ist entscheidend für den Virusbefall bei Fabrikrüben. In solchen Gebieten, in denen auf Grund einer hohen Anbaukonzentration von Vermehrungsflächen die Abstände zu den im gleichen Gebiet angebauten Fabrikrüben 2000 Meter nicht überschreiten, ist allgemein mit einer hohen Infektionsgefahr zu rechnen. In mehrjährigen Untersuchungen im Hauptbefallsgebiet der virösen Rübenvergilbung in der DDR konnten diese Ergebnisse bestätigt werden (Fritzsche, Kleinhempel 1984). Besonders deutlich wurde dies im Jahre 1983, einem Jahr mit starkem Auftreten der virösen Rübenvergilbung, wie die Darstellung in Tabelle 19 zeigt.

Tab. 19. Einfluß der Entfernung der Fabrikrübenbestände von den Virusreservoiren (Stecklinge bzw. Samenträger, Spinatsamen) auf die Höhe der Frühinfektionen bis Mitte Juli 1983 mit Vergilbungsviren

	Entfernung vom Samenträgerbestand	% viröse Vergilbung am 15. 7. 1983
	Raum Harsleben, Bezirk Magdeburg	
Schlag I	500 m	50%
Schlag II	1500 m	11%
	Raum Dahlenwarsleben, Bezirk Magdeburg	
Schlag I	keine	55%
Schlag II	keine	55%
Schlag III	1000 m	20%
	Raum Aschersleben, Bezirk Halle	
	(Spinatsamenträger)	
Schlag I	10 m	15%
Schlag II	1000 m	0,5%

Dies zeigt, daß durch räumliche Trennung des Vermehrungsanbaues (Stecklinge, Rübensamenträger) von den Fabrikrübenbeständen die Infektionsgefahr erheblich gesenkt werden kann (Wiesner u. a. 1959a, Fritzsche u. a. 1972, Spaar u. a. 1975, Björling 1976, Schmelzer, Hartleb 1977, Thormeier u. a. 1979, u. a.). In bestimmten Gebieten sollte auch der unmittelbar benachbarte Anbau von Fabrikrüben neben Winterspinat, Mangold und anderen als Virusreservoire in Frage kommenden Chenopodiaceen unterbleiben (Björling 1976).

Auf die große Infektionsgefahr, die von den Vermehrungsbeständen für die Fabrikrüben in einem geschlossenen Anbaugebiet ausgeht, haben bereits Klinkowski, Sedlag (1953) eindringlich hingewiesen, wobei hervorgehoben wird, daß mit dem Übergang des Vermehrungsanbaues vom gebrochenen zum direkten Anbau diese Gefahr noch vergrößert wird. Steudel (1949) konnte den Beweis erbringen, daß mit der Verlagerung des

Vermehrungsanbaues aus einem besonders gefährdeten Fabrikrübenanbaugebiet in weit entfernt liegende Gebiete ohne konzentrierten Rübenanbau das ehemalig stark betroffene Gebiet erheblich weniger durch Vergilbungsviren befallen wurde als dies vorher der Fall war. In diesem Zusammenhang ist von besonderem Interesse die neueste Feststellung, daß in den Jahren 1980 bis 1983 in Westeuropa der Befall mit viröser Vergilbung im wesentlichen unter 3% lag. Lediglich in England wurden Werte bis 8% erreicht. Die Hauptursache für diese Entwicklung wird darin gesehen, daß

- der Rübenvermehrungsanbau aus diesen Ländern nahezu vollständig in andere Länder verlagert wurde und
- der Futterrübenanbau stark zurückgegangen ist (Anonym 1984).

Einen ausgezeichneten Überblick über die Entwicklung der virösen Rübenvergilbung in 11 europäischen Ländern in den letzten 10 Jahren von 1974 bis 1984 wurde von DUNNING (Großbritannien) (mündliche Mitteilung 1985) gegeben. Danach spielte die virusbedingte Vergilbung seit 1976 mit Ausnahme der DDR keine bedeutende Rolle mehr. Lediglich 1981 war in der ČSSR ein stärkerer Befall von etwa 40% festzustellen, während sich die Befallsanteile im gleichen Jahr in allen anderen Ländern unter 10% bewegten. Nach RÖSTEL (mündliche Mitteilung 1985) lagen allerdings seit dem Jahre 1976 auch in der VR Polen, der Ungarischen VR und der VR Bulgarien ähnliche Verhältnisse vor wie in der DDR. Dieser allgemeine Trend zu geringen Befallsanteilen, besonders in Großbritannien, Frankreich, den Niederlanden, Österreich und der BRD ist den in diesen Ländern praktizierten einschneidenden Verminderungen der Virusquellen, vor allem der Verlagerung der Beta-Rübenvermehrungsbestände aus den Hauptanbaugebieten der Fabrikrüben sowie der konsequenten Einhaltung von Hygienemaßnahmen zu danken. Hinzu kommt ein dem Aufbau einer kritischen Befallssituation entgegenwirkender langjähriger Witterungsverlauf. Es wird auf Grund der allgemeinen Senkung des Infektionsreservoirs in diesen Ländern durch die genannten Maßnahmen eingeschätzt, daß einem eventuellen witterungsbedingten zukünftigen Anstieg des Vergilbungsgeschehens durch gezielte Vektorenbekämpfung wirksam begegnet werden kann.

Im Gebiet der DDR schwankten in diesem Zeitraum die Befallswerte im Hauptbefallsgebiet der virösen Rübenvergilbung, welches gleichzeitig den höchsten Anteil an Flächen mit Vermehrungskulturen der Beta-Rüben im August aufweist, zwischen 11,2 und 38,4% befallener Pflanzen im Bestand. Auf Grund der umfangreichen internationalen Erfahrungen muß daher vom pythopathologischen Standpunkt aus eine konsequente räumliche Trennung von Fabrikrüben- und Vermehrungsanbau gefordert werden, anderenfalls ist mit einer grundsätzlichen Veränderung der Befallssituation in den betroffenen Gebieten auch bei ordnungsgemäßer Vektorenbekämpfung nicht zu rechnen. Die Folgen der Nichteinhaltung entsprechender Abstände zwischen Vermehrungskulturen und Fabrikrübenbeständen können durch andere Maßnahmen, vor allem die Blattlausbekämpfung, auf keinen Fall rückgängig gemacht werden. Die Einhaltung entsprechender Abstände ist bereits mit der Anbauplanung festzulegen. In der DDR wurden deshalb zur räumlichen Trennung zwischen Vermehrungsanbau und Fabrikrübenbeständen folgende Entfernungen festgelegt:

- Stecklinge bzw. Spätsommersaaten zu Samenträgern 3000 m
- Samenträger zu Fabrikrüben 3000 m
- Stecklinge zu Fabrikrüben 1000 m
- Spätsommersaaten zu Fabrikrüben mindestens 1000 m

(Anonym 1985).

Ähnliches gilt analog auch für Abstände von Fabrikrübenbeständen und anderen als Virusreservoire dienenden Kulturpflanzenbeständen (Winterspinat, Mangold, Raps) (PROESELER, FRITZSCHE 1980, FRITZSCHE, KLEINHEMPEL (1984).

Bereits HANSEN (1950) empfiehlt zur Senkung des Befalls von Zuckerrübenvermehrungskulturen, die Stecklinge in Reihen, alternierend mit Gerste, Weizen oder Senf anzubauen. Dadurch gelang es, den Vergilbungsbefall der Stecklinge von 24% bei Reinkultur auf 5% in einer derartigen Mischkultur zu senken.

In England werden Stecklinge im April in Getreide als Deckfrucht eingesät. Bis zur Ernte sind die Stecklinge durch das Getreide gegen Blattlausbefall geschützt, danach können Aphizide eingesetzt werden. Die meisten Stecklinge werden zur Zeit unter Getreide angezogen und ergeben ohne Umpflanzung einen Samenträgerbestand. Nach Kontrolle auf Virusbefall im Herbst werden nur solche Bestände zur Samengewinnung weiterkultiviert, bei denen weniger als 1% der Pflanzen mit Vergilbungsviren infiziert sind (Anonym 1981).

Ähnliche Zusammenhänge wie bei der gegenseitigen Beeinflussung von Vermehrungsbeständen und Fabrikrübenkulturen konnten auch für Futterrübenmieten gefunden werden. In Gebieten mit einer hohen Konzentration von Futterrübenmieten pro Quadratkilometer ist auch die Infektionsgefahr für die benachbarten Fabrikrübenbestände wesentlich höher als in Gebieten mit wenigen Mieten. Ebenso sind Rübenflächen in unmittelbarer Nähe der Mieten wesentlich stärker infektionsgefährdet als solche in weitem Abstand (PETERSEN 1961, JADOT 1976). Bei der Anbauplanung bzw. bei der Anlage der Rübenmieten müssen diese Zusammenhänge unbedingt Berücksichtigung finden, da auch in diesem Falle die Folgen der Nichtbeachtung durch andere Maßnahmen nicht wieder rückgängig gemacht werden können.

10.1.2. Beseitigung von Virusreservoiren

BJÖRLING (1976) macht darauf aufmerksam, daß in Ländern mit milden Wintern mitunter bis zum Frühjahr gelagerte Rübenbestände mit dem Neuaustrieb zu wichtigen Infektionsquellen werden können. Die Bekämpfung von ausdauernden Unkräutern, die als Virusreservoire Bedeutung besitzen, stößt in der Regel auf Schwierigkeiten. Dagegen wird tiefes Pflügen zur Beseitigung evtl. bei der Ernte noch im Boden verbliebener Rüben, die bei Austrieb im Frühjahr Infektionsquellen darstellen, für klimatisch günstige Gebiete empfohlen. Daß auch durch gezielte Maßnahmen die als wichtigste Virusreservoire an Straßen- und Wegrändern vorkommenden Unkrautpflanzen wirksam eingeschränkt werden können, zeigen großflächig durchgeführte Bekämpfungsmaßnahmen im Hauptbefallsgebiet der virösen Rübenvergilbung in der DDR, besonders der Magdeburger Börde. Die Ergebnisse sind in der Tabelle 20 dargestellt.

Hieraus geht hervor, daß durch ordnungsgemäße Unkrautbekämpfung die wichtigsten Virusreservoire an den Straßen- und Wegrändern ganz erheblich herabgesetzt werden können. Da gleichzeitig auch wichtige Pflanzenarten, welche in bestimmten Jahren als Wirte für anholozyklisch überwinternde *M. persicae* dienen, erfaßt werden, kann durch diese Maßnahme der Infektionsdruck auf die Fabrikrüben im Frühjahr wesentlich gesenkt werden.

Tab. 20. Besatz von Straßenrändern in zwei landwirtschaftlich vergleichbaren Gebieten des Hauptbefallsgebietes der virösen Rübenvergilbung in der DDR mit wichtigen Wirtspflanzen des BMYV und anholozyklisch überwinternder *Myzus persicae* in aufeinanderfolgenden Jahren ohne und mit Unkrautbekämpfung im Frühjahr

	wildaufwachsende Rapspflanzen	wildaufwachsende Rübenpflanzen
	% auf 100 km Straßenrandlänge	
	1983, ohne Unkrautbekämpfung	
Gebiet Wanzleben	140000	72000
Gebiet Winningen	2600	60
	1984, mit Unkrautbekämpfung	
Gebiet Wanzleben	2860	1250
Gebiet Winningen	910	180

10.1.3. Agrotechnische Maßnahmen

10.1.3.1. Aussaatzeit, Bestandesdichte

Bereits von Hansen (1950) konnte nachgewiesen werden, daß die Aussaatzeit große Bedeutung für den Befall der Zuckerrüben mit Vergilbungsvirus besitzt. Prinzipiell muß davon ausgegangen werden, daß die jüngsten Pflanzen die höchste Empfindlichkeit besitzen. Deshalb werden Bestände, die sehr früh bestellt worden sind, wesentlich weniger befallen als spät bestellte Bestände (Tab. 21).

Tab. 21. Einfluß der Aussaatzeit von Zuckerrüben auf den Befall mit viröser Rübenvergilbung (nach Hansen 1950)

Aussaattermin	% Befall mit viröser Vergilbung im September
1. April	38,3
15. April	53,0
1. Mai	70,0
15. Mai	79,1

Dies konnte auch in den folgenden Jahren in verschiedenen Ländern bestätigt werden. Übereinstimmend wird festgestellt, daß der Befall mit Vergilbungsviren sowie die Ausbildung der Virussymptome um so stärker und die Ertragsverluste um so höher sind, je später die Aussaat erfolgt. Dies trifft sowohl für Fabrikrüben (Steudel, Heiling 1952, Heathcote 1970, 1972, 1974, Hartleb 1975y, Björling 1976) als auch für Stecklinge (Wisener 1959a) zu. Bei einem Vergleichsversuch im Hauptbefallsgebiet der virösen Rübenvergilbung in der DDR im Jahre 1982, einem Jahr mit starkem Vergilbungsauftreten, kam auf einer Zuckerrübenfläche mit einheitlicher Bodenart und gleichen Standortverhältnissen der Einfluß der Aussaatzeit auf den Vergilbungsbefall im September besonders deutlich zum Ausdruck (Tab. 22).

Tab. 22. Einfluß der Aussaatzeit von Zuckerrüben auf gleicher Fläche auf den Befall mit viröser Vergilbung im September im Hauptbefallsgebiet der DDR 1982

Aussaatvariante	% Befall mit viröser Vergilbung im September
1. Ende März	59
2. Ende April	95
3. Ende März	61
4. Ende April	95

Von HARTLEB (1975y) wird festgestellt, daß Einzelpflanzen und lückige Bestände in schlechtem Kulturzustand bevorzugt von Vergilbungsviren befallen werden. HEATHCOTE (1970, 1974) weist nach, daß der Prozentsatz der vergilbungskranken Pflanzen mit zunehmender Bestandesdichte abnimmt. Waren bei 22000 Pflanzen/ha 45% der Pflanzen infiziert, so waren es zum gleichen Kontrolltermin bei 158000 Pflanzen/ha nur 3%. Bei einem Reihenabstand von 51 bzw. 76 cm lag die Infektionsrate mit dem BMYV im Mittel bei 14,5 bzw. 20,5% der Pflanzen.

In weiteren Versuchen im Hauptbefallsgebiet der virösen Rübenvergilbung in der DDR im Jahre 1982 konnte der Einfluß der Bestandesdichte in Praxisgroßbeständen auf den Vergilbungsbefall Anfang September eindeutig nachgewiesen werden (Tab. 23).

Tab. 23. Einfluß der Bestandesdichte auf vergleichbaren Praxisgroßbständen auf den Befall mit viröser Rübenvergilbung im Hauptbefallsgebiet der DDR 1982

	Pflanzen pro ha	% Befall mit viröser Vergilbung im September
Schlag 1	81000	11,5
Schlag 2	46000	70,3

Die von BJÖRLING (1976) in einer Reihe europäischer Länder durchgeführte Analyse zeigt, daß übereinstimmend Zuckerrübenflächen mit einem gleichmäßigen und dichten Pflanzenbestand weniger Vergilbungsbesatz aufweisen als solche mit lückigem Bestand und weiten Reihenabständen. Die Ursache ist vor allem darin zu suchen, daß die zufliegenden Blattläuse einzeln stehende Pflanzen stärker anfliegen als solche in dichten Beständen.

Hierfür konnte durch JOHNSTONE, KOEN, CONLEY (1982) mit Hilfe der Regressionsanalyse und der Varianzanalyse auf Grund umfangreicher Versuche der eindeutige Beweis erbracht werden. Die Ergebnisse ihrer Berechnungen zeigen, daß der Prozentsatz infizierter Pflanzen im Bestand direkt abhängig ist von der Zahl der Pflanzen in der Reihe und dem Reihenabstand.

10.1.3.2. Düngung

Eine deutliche Wechselwirkung besteht zwischen der Stickstoffdüngung und der Entwicklung der Vergilbungserkrankung der Pflanzen. Versuche mit unterschiedlichen N-Gaben zeigten, daß hohe N-Aufwandmengen das Erscheinen der Symptome des BMYV verzögern. Beim BYV werden durch hohe N-Gaben bei etwa 25% der Pflanzen die Symptome maskiert. In einigen anderen Versuchen traten dagegen auf Parzellen mit zusätzlicher N-Düngung mehr Virussymptome auf als auf solchen mit geringen N-Gaben (HEATHCOTE 1974). Die Befallsunterschiede zwischen den Parzellen mit höheren und geringeren bzw. fehlenden N-Gaben können offenbar im Verlaufe der Vegetationszeit und in Abhängigkeit von den Witterungsverhältnissen variieren. Hierauf könnten nach Auffassung des Versuchsanstellers die unterschiedlichen Beobachtungsergebnisse zurückzuführen sein. KSIAŻEK (1973) wies nach, daß mit steigenden N-Gaben die Empfindlichkeit der Rüben gegenüber einer Infektion mit dem BYV ansteigt.

Auch die Düngung mit Kalium hat Einfluß auf die Symptomausbildung. Untersuchungen von HEILING (1953) wiesen aus, daß zusätzliche K-Gaben das Auftreten der Vergilbungssymptome gegenüber Parzellen ohne K-Düngung vermindern. WARCHOLOWA (1970) stellte mittels Topfversuchen fest, daß die Symptome der BYV bei K-Mangel früher und deutlicher ausgeprägt werden als bei zusätzlicher K-Gabe. Es scheint, daß virusinfizierte Rübenpflanzen einen höheren K-Bedarf haben als gesunde. Die bisher zu diesem Problem vorliegenden Untersuchungen bieten noch keinen Anhaltspunkt dafür, daß über gezielte Düngergaben, vor allem mit Kalium bzw. Stickstoff, der Befallsgrad mit viröser Rübenvergilbung deutlich gesenkt werden kann. Versuche zu möglichen Relationen zwischen Düngung, Virusinfektion und Ertrag liegen bisher nicht vor. Mehr oder weniger übereinstimmend ist die Feststellung, daß erhöhte Stickstoffgaben über die EDV-Düngungsempfehlung hinaus zu einer Verstärkung der Vergilbungssymptome führen können. In Zusammenhang mit den Maßnahmen zur Senkung des Vergilbungsbefalls kann die Praxis zur Zeit daher nur auf unbedingte Einhaltung der EDV-Düngungempfehlungen verwiesen werden. Es gibt Hinweise darauf, daß zwischen der Manganversorgung von Böden und Pflanzen und der Symptomausbildung des BMYV Wechselbeziehungen bestehen. FRITZSCHE, THIELE (1984) konnten im Feldversuch zeigen, daß durch $KMnO_2$-Spritzung die Intensität der virusbedingten Vergilbungserscheinungen gesenkt werden kann, vor allem die Anzahl vergilbter Blätter je Pflanze. Anfang September waren die mit Mangan gespritzten Parzellen weniger stark vergilbt als die Kontrolle (Tab. 24).

Tab. 24. Anzahl der Blätter pro Pflanze mit Symptomen des Milden Rübenvergilbungs-Virus (BMYV) Anfang September 1983 nach 2-maliger $KMnO_2$-Spritzung (5%ig) (Durchschnitt aus 3 Wiederholungen) in %

Variante	% Blätter pro Pflanze mit Symptomen des BMYV	% Pflanzen mit BMYV-Infektion nach ELISA -Test
Kontrolle	23,5	75
2 × $KMnO_2$ (5%)	4,9	40
2 × $MgSO_4$ (5%)	24,7	55

Tab. 25. Pflanzen mit Symptomen des Milden Rübenvergilbungs-Virus (BMYV) Anfang August 1983 in % und Versorgungsgrad des Bodens mit Mangan von Zuckerrübengroßbeständen des Hauptbefallsgebietes der virösen Rübenvergilbung in der DDR (nach Fritzsche, Thiele 1984)

Fläche	pH-Wert	Mn ppm	% Pflanzen mit Symptomen des BMYV	BMYV-Infektion im ELISA-Test nachgewiesen
	sehr hoher Mn-Gehalt Stufe Ia			
A	5,1	143	0,2	nicht geprüft
B	6,1	155	2,0	positiv
	hoher Mn-Gehalt Stufe I			
C	6,7	92	12,0	positiv
D	7,0	57	2,5	positiv
E	6,8	116	8,0	nicht geprüft
	mittlerer Mn-Gehalt Stufe II			
F	7,2	45	15,0	positiv
G	7,4	39	15,0	positiv
H	7,3	40	16,0	positiv
I	7,3	50	4,0	positiv
	niedriger Mn-Gehalt Stufe III			
J	7,2	22	50,0	positiv
K	7,4	22	69,0	positiv
L	7,2	13	55,0	positiv

Parallel dazu durchgeführte Untersuchungen auf Praxisgroßbeständen im Hauptbefallsgebiet der virösen Rübenvergilbung zeigten, daß es Hinweise für Korrelationen zwischen der Manganversorgung der Böden und der Stärke der Symptome durch Infektionen mit dem BMYV gibt (Tab. 25).

Zum Einfluß von Düngungsmaßnahmen auf die Populationsentwicklung der Blattlausvektoren siehe Kapitel 8.2.3.

10.1.3.3. Beregnung

In der Regel besitzt Beregnung für die Sicherung der Zuckerrübenerträge vor allem in Gebieten bzw. Jahren mit mehr oder weniger langanhaltenden Trockenperioden die größte Bedeutung. In diesem Zusammenhang verdienen die Ergebnisse von Steyvoort (1977) besondere Beachtung, nach denen Rübenbestände auf Böden mit ausgezeichneter Bodenstruktur Trockenperioden wesentlich besser überstehen als solche auf Böden mit schlechter Bodenstruktur. Dies wirkt sich entsprechend auf die Erträge aus.

Zum Einfluß der Beregnung auf das Auftreten der Vergilbungsviren liegen nur wenige Beobachtungen vor. Heathcote (1974) stellt fest, daß auf beregneten Flächen mehr virusbefallende Pflanzen auftreten als auf nicht beregneten.

Björling (1976) weist auf Grund einer Analyse in verschiedenen Rüben anbauenden Ländern darauf hin, daß in trockenen Jahren dieser negative Effekt durch den erzielten

Mehrertrag der beregneten Flächen mehr als ausgeglichen wird. In eigenen Versuchen war im Gegensatz hierzu der Anteil der Pflanzen mit Vergilbungssymptomen auf beregneten Flächen deutlich geringer als auf unberegneten. Beispielsweise war im Vergilbungsjahr 1982 Mitte Juli bis Mitte August der Anteil der Zuckerrübenpflanzen mit Symptomen der virösen Rübenvergilbung auf beregneten Flächen (Großflächen unter Produktionsbedingungen im Hauptbefallsgebiet der Magdeburger Börde) um etwa 50% und Mitte September um etwa 30% geringer als auf unberegneten. Parzellenversuche ergaben in mehreren Jahren eine ähnliche Tendenz, die bis in den Herbst hinein beobachtet werden kann. So ergab im Jahre 1985 die Erhebung Mitte August auf beregneten Parzellen, die in unmittelbarer Nähe künstlich infizierter Parzellen lagen und damit einem hohen Infektionsdruck ausgesetzt waren, einen um 6% niedrigeren Besatz an Pflanzen mit virusbedingten Vergilbungssymptomen. Im Jahre 1984 konnte unter ähnlichen Versuchsbedingungen noch Anfang Oktober durch Zusatzberegnung eine Verminderung der symptomtragenden Pflanzen um 10% festgestellt werden. Wie serologische Untersuchungen von beregneten und unberegneten Pflanzen zeigten, wirkt sich der Beregnungseffekt nur auf die Symptomausbildung aus. Eine Beeinflussung der Infektion durch Aphiden konnte nicht nachgewiesen werden. Mit dem Problem der Ursachen der gegensätzlichen Beobachtungen zum Einfluß der Beregnung auf den Befall mit Vergilbungsviren bei Zuckerrüben hat sich bereits THIELEMANN (1960) eingehend auseinandergesetzt. Er macht vor allem auf die Schwierigkeit einer exakten Trennung von Trockenschäden am Laub von den durch die Vergilbungsviren verursachten Blattsymptomen in Trockenjahren aufmerksam. Außerdem bleiben in solchen Jahren auf beregneten Flächen die virös bedingten vergilbten Blätter fast vollständig bis zur Ernte erhalten (im Gegensatz zu unberegneten Flächen), „wodurch ab Ende August für den Laien der Eindruck entsteht, als seien beregnete Zuckerrüben stärker von der Krankheit betroffen als Rüben auf Trockenstandorten“.

10.1.3.4. Herbizidanwendung

In dreijährigen Parzellenversuchen konnten wir nachweisen, daß die Intensität der Symptomausbildung durch die beiden Vergilbungsviren durch die Anwendung von Vorauflaufherbiziden (Betanil 70) verstärkt wird. Am Beispiel des Jahres 1983 soll dies in Tabelle 25a dargestellt werden. Ein Einfluß auf die Virusinfektion selbst war mittels des ELISA-Tests nicht nachweisbar.

Tab. 25a. Einfluß der Anwendung von Vorauflaufherbiziden (Betanil 70) auf die Ausbildung der Symptome der Vergilbungsviren im Jahre 1983 (Boniturtermin: 21. 7. 83, Durchschnitt aus 4 Wiederholungen im Parzellenversuch), Aussaat Mitte April

Variante	Zahl der Pflanzen ohne Symptome	Prozent Virussymptome insgesamt	davon BMYV	BYV
Kontrolle	91,67	8,33	1,19	7,14
mit Vorauflaufherbizid	78,57	21,43	8,93	12,50

10.2. Physikalische Maßnahmen

Zur Abschreckung von Aphiden als Vektoren wurden umfangreiche Versuche mit reflektierenden Oberflächen gemacht. HEATHCOTE (1968b) gelang es, in Rübenbeständen, vor allem in Stecklingsbeständen, den Vergilbungsbefall durch Auslegen von Aluminiumfolie um etwa 40% zu senken. Eine Anwendung dieses Verfahrens unter Produktionsbedingungen ist jedoch nicht zu erwarten. Eine Verhinderung der Infektion von Zuckerrübenpflanzen auf Kleinflächen im Freiland besonders für Zwecke der Züchtung mit Vergilbungsviren, aber auch zur Verhinderung des Befalls mit Blattläusen ist durch Abdeckung der Parzellen mit perforierter Folie (SCJENK 1983) nicht möglich. Dagegen eignet sich hierzu ein spezielles Polyolefine-Folieflachfäden-Gewebe (FRITZSCHE, THIELE, KLEINHEMPEL 1984). Die Abdeckung erfolgt nach der Aussaat. Das Gewebe besitzt für das Pflanzenwachstum ausreichende Licht- und Wasserdurchlässigkeit. Hinsichtlich des Blattlaus- und Vergilbungsbefalls konnten dabei die in der Tabelle 26 wiedergegebenen Ergebnisse erzielt werden.

Tab. 26. Wirkung der Abdeckung von Zuckerrübenstecklingsflächen im Freiland mit Polyolefine-Folieflachfäden-Gewebe auf Blattlausbesatz und Befall mit viröser Rübenvergilbung (nach FRITZSCHE u. a. 1984)

Variante	Zahl der Blattläuse an je 100 Pflanzen (*Myzus persicae* (Sulz). und *Aphis fabae* Scop.)		
	13. 6. 82	26. 7. 82	22. 8. 82
Abgedeckt	0	0	0
Kontrolle	51	205	160
	% Besatz mit Vergilbungsviren		
	1.9. 82	18. 5. 83	
Abgedeckt	0	0	
Kontrolle	31,3	31,2	

Dabei handelt es sich bei den abgedeckten Parzellen um Zuckerrübenvermehrungsflächen der Frühjahrs- bzw. der Sommeraussaat, wobei im letzteren Falle die Virusbonitur auch noch einmal im Jahr nach der Aussaat, also dem Jahr der Samenernte, durchgeführt wurde.

10.3. Chemische Maßnahmen gegen die Virusübertragung durch Vektoren

Über die Bekämpfung der Blattlausvektoren im Zucker- und Futterrübenanbau einschließlich des Stecklings- und Samenbaues mit chemischen Mitteln bei gleichzeitiger Minderung des Befalls durch die beiden Vergilbungsviren liegen aus allen Rüben anbauenden Ländern zahlreiche Ergebnisse vor. Schwerpunkt aller Maßnahmen ist dabei die

Senkung der besonders ertragswirksamen Frühinfektionen. Übereinstimmend wird berichtet, daß durch gezielte, die biologischen Gegebenheiten berücksichtigende Maßnahmen eine deutliche Senkung der Vergilbungsinfektionen, verbunden mit Ertragssteigerungen gegenüber unbehandelten Flächen im Rüben-, Blatt- und Zuckerertrag, erzielt werden kann. Es wurde nachgewiesen, daß ein optimaler Erfolg der Bekämpfung mit chemischen Mitteln nur in Verbindung mit der Einhaltung entsprechender Anbaumaßnahmen und der Berücksichtigung der Lebensweise und Ökologie der Blattlausvektoren möglich ist (Fritzsche u. a. 1972, Autorenkollektiv 1972, Dunning 1976, Grigo, Newerla 1978, Krexner 1979, Proeseler, Fritzsche 1980, Rieckmann 1980, Anonym 1984, Fritzsche, Kleinhempel 1984, Heijbroek 1984 u. a.).

10.3.1. Insektizide Spritzmittel

Ziel des Einsatzes insektizider Spritzmittel zur Bekämpfung der Vektoren der Vergilbungsviren ist es einmal, die infektiösen Blattläuse unmittelbar nach dem Zuflug zu den Beständen abzutöten, bevor sie auf Grund der für persistente bzw. semipersistente Viren relativ langen Infektionssaugzeiten in der Lage sind, die Pflanzen zu infizieren. Systemische Präparate, die in allen Pflanzenteilen verteilt sind und eine hohe Initialwirkung besitzen, sind deshalb besonders geeignet. Gleichzeitig soll erreicht werden, daß über einen längeren Zeitraum der Aufbau von Blattlauskolonien und die Ausbreitung von den Befallsherden aus über den gesamten Bestand weitgehend verhindert oder gesenkt wird. Aus diesem Grund sollen diese Präparate auch entsprechende Dauerwirkung besitzen.

Aus diesen Anforderungen heraus ergibt sich die Wahl der einzusetzenden insektiziden Wirkstoffe sowie die Wahl der Bekämpfungstermine (siehe Kapitel 11.). Je nach der Befallslage machen sich eine oder mehrere Spritzungen erforderlich. Folgende Wirkstoffe haben sich in umfangreichen Versuchen sowie in der praktischen Anwendung bewährt (Autorenkollektiv 1972, Dunning 1976, Grigo, Newerla 1978, Proeseler, Fritzsche 1980, Anonym 1981, Gibson u. a. 1982, Fritzsche, Kleinhempel 1984, Heijbroek 1984 u. a.):

Acephat
Deltamethrin
Demephion
Demeton-S-Methyl
Dimethoat
Endothion
Ethiofencarb
Fenvalerat
Formothion
Menazon
Methamidophos
Mevinphos
Monocrotophos
Omethoat
Oxydemeton-methyl
Oxydemeton-methyl + Parathion
Oxydemethon-methyl + Trichlorfon
Parathion
Phosphamidon
Pirimicarb
Thiometon u. a.

Von diesen Wirkstoffen sind Acephat, Deltamethrin, Ethiofencarb und Pirimicarb besonders geeignet, wenn in bestimmten Gebieten Blattlausstämme mit hoher Resistenz gegen organische Phosphorinsektizide auftreten. In diesem Zusammenhang konnte im Hauptbefallsgebiet der virösen Rübenvergilbung in der DDR festgestellt werden, daß in einem Gebiet, in welchem langjährig der Wirkstoff Dimethoat zur Anwendung gekommen ist, die in Vermehrungsbeständen anholozyklisch überwinternden *Myzus persicae* etwa um 25% weniger empfindlich gegenüber diesem Wirkstoff waren als Tiere aus weniger intensiv behandelten Randgebieten (FRITZSCHE, GIERSEMEHL, THIELE 1985). Dagegen waren beide Blattlausherkünfte gegenüber dem Wirkstoff Methamidophos gleichmäßig hoch empfindlich. Die zeitlichen Abstände, in denen in den einzelnen Ländern die Insektizide zum Einsatz kommen, sind entsprechend der unterschiedlichen Dauerwirkung verschieden. In den meisten Ländern werden zur Verhinderung der Gefahr des Entstehens insektizidresistenter Blattlausstämme während der Vegetationszeit verschiedene Wirkstoffe eingesetzt (DUNNING 1976).

Neben dem Resistenzproblem ist bei der Wahl der insektiziden Wirkstoffe für die Resistenzbehandlungen ferner zu berücksichtigen, daß der Wirkstoff Dimethoat seine volle Wirksamkeit erst bei Temperaturen über 18 °C erreicht. Dies ist von besonderer Bedeutung bei Spritzterminen in Zeiten mit kühler Witterung sowie bei der Vektorenbekämpfung in Vermehrungsbeständen im Herbst bzw. im zeitigen Frühjahr bei anholozyklischer Überwinterung von *M. persicae*. Weniger temperaturabhängig sind die Wirkstoffe Methamidophos, Deltamethrin und Pirimicarb. Zu den relativ ungiftigen Wirkstoffen für Nützlinge und Warmblüter gehört Fenvalerat.

Auch im Vermehrungsanbau ist durch termingerechte mehrmalige Insektizidspritzung eine wesentliche Senkung des Vergilbungsbefalls zu erreichen. (HEATHCOTE 1968a, Autorenkollektiv 1972, FRITZSCHE u. a. 1974, PROESELER u. a. 1976, FÜRSTE, MATTHIES 1976, DUBNIK 1977a, b, FRITZSCHE 1979, WIESNER 1983). In Rübensamenträgerbeständen kann durch Spritzung mit systemischen Insektiziden ebenfalls eine erhebliche Minderung des Vergilbungsbefalls erzielt werden (DRACHOVSKÁ u. a. 1961). Der höchste Samenertrag wird dabei auf solchen Flächen erzielt, auf denen die Stecklinge im Vorjahr bereits behandelt worden waren und im darauffolgenden Frühjahr die Stecklingsköpfe für 10 Minuten mit 1% Demeton-methyl gebeizt wurden. Derartige Samenträger bleiben bis zur Blüte blattlausfrei. Die Virusverseuchung im Vorjahr spiegelt sich in den Samenträgern wider (PROESELER, FRITZSCHE 1980).

In Zuckerrübenbeständen wird übereinstimmend in allen Ländern festgestellt, daß durch Vektorenbekämpfung eine deutliche Minderung des Vergilbungsbefalls, besonders der Frühinfektionen, erzielt wird. Sie ist von verschiedenen Faktoren, vor allem dem Befallsdruck, den Boniturterminen, Witterungsbedingungen, agrotechnischen Maßnahmen u. a. abhängig und daher sehr unterschiedlich (Autorenkollektiv 1972, DUNNING 1976). Besonders günstige Ergebnisse werden erzielt, wenn die Bekämpfung in einem geschlossenen Anbaugebiet großräumig erfolgt. So konnte im Rahmen 4-jähriger Produktionsexperimente im Hauptbefallsgebiet der virösen Rübenvergilbung in der DDR festgestellt werden, daß auf Großflächen im Bezirk Magdeburg durch termingerechte Behandlung von über 11000 ha Zuckerrübenfläche der Anteil vergilbungskranker Rüben in diesem Gebiet um etwa 35% niedriger lag als in den nicht behandelten Randgebieten. In früheren Jahren, in denen noch keine Vektorenbekämpfung durchgeführt wurde, war dagegen der Vergilbungsbefall in diesem Gebiet stets höher als in den Randgebieten (FRITZSCHE u. a. 1980). SYLVESTER u. a. (1959) berichten, daß bereits durch eine Demetonspritzung die Infektion mit Vergilbungsviren für 3 Wochen 100%ig verhindert wurde. Über ähnliche Ergebnisse berichten u. a. HULL, HEATHCOTE (1967), Autorenkollektiv (1972), SCHÄUFELE (1975), SPAAR u. a. (1975), DUNNING (1976), FRITZSCHE u. a. (1977), THORMEIER u. a. (1979), GRIGO, NEWERLA (1978), LANGE u. a. (1978). In allen Fällen, in denen durch Vektorenbekämpfung eine Senkung des Blattlaus- und Virusbefalls erreicht wurde, traten auch mehr oder weniger hohe Ertragszunahmen gegenüber unbehandelten Flächen hinsichtlich des Zucker-, Rüben- und Blattertrages ein. Einheitliche Korrelationen zwischen der Senkung des Vergilbungsbefalls und den Ertragsdifferenzen zwischen Behandelt und Unbehandelt bestehen jedoch nicht, weil Umweltfaktoren mehr oder weniger stark von Versuch zu Versuch sowie von Ort zu Ort modifizierend einwirken. In vierjährigen Produktionsexperimenten in der DDR auf Großflächen wurde nachgewiesen, daß auf den behandelten Flächen im Durchschnitt 27 dt/ha Rüben und 5,84 dt/ha Zucker mehr geerntet wurden als auf den Kontrollflächen (FRITZSCHE u. a. 1980a, b, c) (Tab. 27).

Tab. 27. Zusammenfassung der Ergebnisse von 20 Produktionsexperimenten auf Zuckerrübengroßflächen zur Vektorenbekämpfung im Hauptbefallsgebiet der virösen Rübenvergilbung in der DDR (nach FRITZSCHE u. a. 1980)

Prüfglied	Fläche ha	Prozentualer Vergilbungs-Befall			Ertragsauswertung		
		Ende Juli	Mitte August	Mitte September	Rüben dt/ha	°S	Zucker dt/ha
Kontrolle	965	4,3	14,5	30,6	316,12	14,5	45,75
behandelt	1537	2,9	10,0	19,9	343,42	15,0	51,59

Die Wirkung der genannten Wirkstoffe hinsichtlich der Senkung der Infektionen mit Vergilbungsviren, besonders bei Anwendung unter Praxisbedingungen auf Großflächen, soll an einigen ausgewählten Beispielen dargestellt werden. Die Wirkung von 3 Behandlungen mit Dimethoat ist aus der Tabelle 28 zu ersehen.

Tab. 28. Ergebnisse der Vektorenbekämpfung auf einem 150 ha-Schlag im Hauptbefallsgebiet der virösen Rübenvergilbung in der DDR 1981

Variante	% Vergilbungsbefall	
	Anfang August	Anfang September
3-malige Dimethoat-Spritzung	10,0	55,0
Kontrolle	24,0	79,0

Tab. 29. Ergebnisse der Vektorenbekämpfung auf einem 200 ha-Schlag im Hauptbefallsgebiet der virösen Rübenvergilbung in der DDR 1982

Variante	% Vergilbungsbefall	
	Anfang August	Mitte August
2-malige Dimethoat-Spritzung	0,4	1,2
2-malige Methamidophos-Spritzung	0,0	2,2
Kontrolle	1,0	7,0

Zweimalige Behandlungen mit Dimethoat bzw. Methamidophos im Jahre 1982 konnten ebenfalls deutlich die besonders gefährlichen Frühinfektionen, deren Symptome ab Anfang August sichtbar werden, senken (Tab. 29).

Im Jahre 1983, einem Jahr mit besonders starken Frühinfektionen im Hauptbefallsgebiet der DDR auf Grund zeitigen Zufluges anholozyklisch überwinterter *Myzus persicae*, günstigen Flugbedingungen im Mai und vielfach ungünstiger Wachstumsbedingungen für die Zuckerrüben infolge anhaltender Trockenheit, konnte diese Wirkung der Vektorenbekämpfung auf mehreren benachbarten Zuckerrübengroßbeständen im Vergleich zu einer in diesem Gebiet liegenden Kontrollfläche bestätigt werden (Tab. 30).

Über die Effektivität der Vektorenbekämpfung mit Pirimicarb-Spritzungen berichtet Heijbroek 1984 (Tab. 31).

Tab. 30. Ergebnisse von 2 Spritzungen mit Dimethoat auf mehreren benachbarten Zuckerrübengroßbeständen im Hauptbefallsgebiet der virösen Rübenvergilbung in der DDR 1983

Variante	% Vergilbungsbefall	
	14. 7. 83	28. 7. 83
Unbehandelt	17,8	51,2
Schlag I behandelt	6,1	29,8
Schlag II behandelt	3,0	20,6
Schlag III behandelt	3,1	24,8

Tab. 31. Effektivität der Vektorbekämpfung mit Pirimicarb nach Heijbroek 1984

Variante	relativ bezogen auf Unbehandelt = 100	
Unbehandelt	100	100
Pirimicarb	126	135
Nicht infiziert	138	151

10.3.2. Systemische Saatgutbehandlungsmittel und Granulate

In verschiedenen Ländern werden seit einigen Jahren zur Vektorenbekämpfung im Zucker- und Futterrübenbau einschließlich Vermehrungsanbau systemische Saatgutbehandlungsmittel und Granulate mit Erfolg eingesetzt. Im wesentlichen handelt es sich dabei um die Wirkstoffe Aldicarb, Carbofuran, Chlormephos, Disulfoton, Demetonmethyl, Dimethoate, Menazon u. a. (Heathcote 1968c, Autorenkollektiv 1972, Dunning 1976, Steudel 1976, Berger 1977, Wiesner, Eckert 1977, u. a.). Durch diese Wirkstoffe, die entweder als Saatgutbehandlungsmittel oder als Granulate mit der Aussaat ausgebracht werden, können die Pflanzen je nach Wirkstoff etwa 6—9 Wochen frei von Blattlausbefall gehalten werden. Dadurch kann in Gebieten mit frühem Blattlauszuflug die erste Vektorenbekämpfung mit insektiziden Spritzmitteln eingespart werden. Dunning (1976) weist auf Grund einer in fast allen europäischen Ländern durchgeführten Analyse darauf hin, daß in Ländern mit spätem Blattlauszuflug oft die Dauerwirkung dieser Mittel bereits abgeklungen ist, wenn der Zuflug erfolgt und deshalb ihre Anwendung nur bedingt empfohlen werden kann. Auch wirken sich längere Trockenperioden im Frühjahr ungünstig auf die Wirkung von Granulaten aus. Dies gilt auch für die Saatgutpillierung unter Verwendung von Carbofuran. WIESNER und ECKERT (1977) weisen darauf hin, daß in Jahren mit starkem Befallsdruck mit systemisch wirkenden Granulaten eine Verminderung der Rübenvergilbung nicht erreicht werden kann, ihre Anwendung zur Bekämpfung von *A. fabae* aber als wirksames Verfahren zu bezeichnen ist. In allen Gebieten, in denen die genannten Wirkstoffe in diesen Applikationsformen ihre volle Wirkung gegen die zufliegenden Vektoren entfalten können, sind ähnliche und zum Teil etwas bessere Auswirkungen auf die Senkung der Frühinfektionen mit Vergilbungsviren sowie die Erträge festzustellen (STEUDEL 1976, DUNNING 1976). Nach neueren Erhebungen (Anonym 1984) kommen in Ländern mit relativ starker Gefährdung durch die viröse Rübenvergilbung insektizide Granulate in unterschiedlichem Flächenumfang zum Einsatz. So beträgt der Prozentsatz des Granulateinsatzes, bezogen auf die gesamte Zuckerrübenfläche, in Belgien bis zu 75%, in England bis zu 31%, in den Niederlanden bis zu 16%, während er in der BRD, Österreich, Dänemark u. a. unter 10% bleibt. Über die Effektivität des Einsatzes von Granulaten auf der Basis von Aldicarb berichtet HEIJBROEK 1974 (Tab. 32).

Tab. 32. Effektivität von Aldicarb-Granulaten (nach HEIJBROEK 1984)

Variante	Rübenertrag relativ	Reinzuckerertrag bezogen auf Unbehandelt = 100
Unbehandelt	100	100
Aldicarb-Granulat	113	118
Nicht infiziert	138	151

Damit liegt die Effektivität des Einsatzes dieser Granulate unter der von Blattspritzungen mit Pirimicarb (siehe Tab. 31). Für die Praxis muß auf jeden Fall darauf hingewiesen werden, daß sowohl die Saatgutbehandlung als auch die Granulatanwendung stets prophylaktischen Charakter haben und zu einer Zeit erfolgen müssen, zu der Aussagen über die Stärke des Blattlauszufluges auf keinen Fall getroffen werden können. Besonders die Anwendung der relativ teuren Granulate erscheint also nur dann gerechtfertigt, wenn mit einer solchen Behandlung noch weitere wirtschaftlich wichtige Schaderreger (Nematoden u. a.) erfaßt werden (DUNNING 1976, HEIJBROEK u. a. 1979). Dies gilt vor allem für den Einsatz dieser Präparate in Fabrikrübenbeständen. Im Vermehrungsanbau können die Aussaaten Ende Juli bis Anfang August bereits vom Auflaufen an wirksam vor dem Blattlausbefall geschützt werden.

10.3.3. Mineralöle und andere chemische Substanzen

Ausgehend von den im Kartoffelbau gewonnenen Erkenntnissen werden auch im Rübenanbau seit mehreren Jahren Mineralöle auf ihre Eignung zur Einschränkung der Übertragung blattlausübertragbarer Viren, besonders der Vergilbungsviren, geprüft. Übereinstimmend wird nachgewiesen, daß durch Mineralöle ein insektizider Effekt nicht bewirkt wird und auch die insektizide Wirkung der Systeminsektizide gegenüber den Vektoren nicht verändert wird. Mineralöle wirken sich deutlich sowohl in Parzellen- als auch Großversuchen auf den Befall mit Vergilbungsviren aus. In Kombination mit Systeminsektiziden kann deren befallmindernde Wirkung noch erhöht werden, wobei an dieser Stelle auf die möglichen Ursachen der Mineralölwirkung nicht eingegangen werden soll (RUSSELL 1970, Autorenkollektiv 1972, JADOT, VANDERVEKEN 1973, VANDERVEKEN 1968, ZSCHIEGNER 1973, PROESELER u. a. 1976, KRAMER u. a. 1978, FRITZSCHE u. a. 1979, WALKEY, DAUCE 1979, FRITZSCHE u. a. 1980b). Seit 1979 ist in der DDR das Mineralölpräparat ‚Biphagittol' zur Senkung der Virusinfektionen im Zuckerrübenbau staatlich zugelassen. In Kombination mit Systeminsektiziden kann hiermit eine weitere Senkung der durch Insektizide erreichbaren Minderung der Virusinfektionen um 15 bis 25% erfolgen (FRITZSCHE u. a. 1979). Die Effektivität des Einsatzes von Mineralölen in Kombination mit insektiziden Spritzmitteln ist in der Tabelle 33 dargestellt.

Tab. 33. Effektivität von Dimethoat und der Kombination von Dimethoat + Mineralöl auf die Ausbreitung von Vergilbungsviren in Rübenbeständen (Mittelwerte aus 6 Großversuchen unter Praxisbedingungen im Hauptbefallsgebiet der DDR innerhalb von 4 Jahren) (nach FRITZSCHE u. a. 1979)

Prüfglied	Infektionshemmung in % zur unbehandelten Kontrolle	
	Ende Juli bis Mitte August	Mitte August bis Mitte September
Dimethoat	42,7	23,2
Dimethoat + Mineralöl	64,9	48,1
Differenz	22,2	24,9

RUSSELL (1977) fand, daß die Behandlung der Zuckerrüben mit Thiabendazollaktat die Infektionen bei der Übertragung der beiden Vergilbungsviren durch *M. persicae* mindert. Der Wirkungsmechanismus hierfür ist ungeklärt.

Ausgehend von der Erkenntnis von MOERICKE (1953) und MÜLLER (1964) über den Einfluß von Farbflächen bzw. bestimmten natürlichen Blattfärbungen auf das Flug- und Landeverhalten von Blattläusen konnten FRITZSCHE u. a. (1984) nachweisen, daß durch Blattspritzungen mit Pigment-Trägerstoffgemisch, auch in Kombination mit insektiziden Wirkstoffen, die Zahl der Blattläuse pro Pflanze sowie der prozentuale Anteil der Zuckerrübenpflanzen mit Infektionen durch Vergilbungsviren deutlich gesenkt werden kann. Diese Farbstoff-Insektizidgemische wirken sowohl gegenüber *Aphis fabae* als auch *Myzus persicae* und deren Effektivität bei der Übertragung der Vergilbungsviren. Nach Anwendung dieser Mittel zu den signalisierten Bekämpfungsterminen der Vektorenbekämpfung in Fabrikrübenbeständen konnten die Frühinfektionen mit dem BMYV verhindert werden. Die Ergebnisse sind in der Tabelle 34 dargestellt.

Unter Praxisbedingungen konnten hinsichtlich der Senkung der besonders ertragswirksamen Frühinfektionen mit Vergilbungsviren Anfang und Mitte August folgende Ergebnisse erzielt werden (Tab. 35).

In allen einschlägigen Untersuchungen zur Vektorenbekämpfung in Zuckerrübenbeständen mit dem Ziel der Senkung der Infektionen mit Vergilbungsviren komm tzum

Tab. 34. Effektivität von Insektizid-Farbstoffgemischen gegenüber den Vergilbungs-Viren

Variante	Prozentualer Befall mit					
	BYV		BMYV		BMYV + BYV	
	3. 8.	1. 9.	3. 8.	1. 9.	3. 8.	1. 9.
Dimethoat	0,0	2,4	3,0	11,7	0,0	0,0
Dimethoat-Farbstoff-gemisch	0,0	3,7	0,0	2,5	0,0	0,6
Kontrolle	0,0	3,6	5,0	14,3	0,0	1,4

Tab. 35. Effektivität von Insektizid-Farbstoffgemischen auf Praxisbeständen der Zuckerrübe

Variante	Prozentualer Anteil vergilbungskranker Zuckerrübenpflanzen am	
	4. 8.	19. 8.
Dimethoat	0,4	1,2
Dimethoat-Farbstoffgemisch	0,0	1,0
Kontrolle	1,0	7,0

Ausdruck, daß sich diese Maßnahmen vor allem auf die Senkung der Frühinfektionen bzw. die Infektionen zur Zeit des sommerlichen Befallsfluges richten. Ab Mitte August sinkt infolge der hohen und dichten Blattbestände die Wirkung der Systeminsektizide gegenüber den Blattlausvektoren (DUNNING 1976). Ihre Wirkung wird weiterhin durch Mehltaubefall, Trockenschäden, Rübenfliegenbefall u. a. zu dieser Zeit gemindert. Da bereits zu Beginn des Zufluges die infektiösen Blattläuse nahezu gleichmäßig über den gesamten Bestand verteilt sind, können Randbehandlungen nicht empfohlen werden, jedoch müssen die Feldränder sorgfältig in die Behandlungen einbezogen werden, da sonst von hier aus Neuinfektionen der Bestände erfolgen können (FRITZSCHE u. a., 1980a, b, c). DUNNING (1976) weist nach, daß es mit Hilfe der Vektorenbekämpfung zwar möglich ist, die Frühinfektionen zu senken, daß jedoch selbst mit 3 Insektizidspritzungen die Zunahme des Vergilbungsbefalls ab Mitte August nach einer Analyse in 14 europäischen Ländern nicht verhindert werden kann. Selbst in Ländern, in denen fast die gesamte Zuckerrübenfläche in die 2- bis 3-malige Vektorenbekämpfung einbezogen wird (Österreich, Belgien, BRD(Rheinland), England, Frankreich) kann diese Tendenz festgestellt werden. Dies betrifft auch die Situation im Hauptbefallsgebiet der virösen Rübenvergilbung in der DDR (FRITZSCHE, KLEINHEMPEL 1984). Wie bereits eingangs dargelegt wurde, kann die höchste Effektivität der Maßnahmen zur Senkung der Infektionen mit Vergilbungsviren nur durch konsequente Kombination aller zur Verfügung stehenden Möglichkeiten erreicht werden, von denen die Trennung des Fabrikrübenanbaues von dem Vermehrungsanbau in allen betroffenen Ländern als eine der wesentlichsten angesehen wird.

11. Befallsprognose und Bestimmung der Bekämpfungstermine

Die Einschätzung der Notwendigkeit einer Bekämpfungsmaßnahme und die Festlegung des optimalen Zeitpunktes ihrer Durchführung ist entscheidend für ihre Effektivität. Den Fragen der Befallsvorhersage und Terminbestimmung wurde daher bereits frühzeitig Beachtung geschenkt. Die international angewandten Methoden lassen sich auf zwei grundlegende Prinzipien zurückführen:

- den Einfluß der Befallshöhe im Vorjahr und der folgenden Winter- und Frühjahrswitterung auf das Infektionspotential und die Startpopulation der Vektoren als Grundlage für längerfristige Prognosen,
- die Bedeutung des Vektorenfluges für die Umsetzung des Infektionspotentials als Ausgangspunkt für die kurzfristige Prognose mit Festlegung des Bekämpfungstermins.

Auf die Bedeutung der Witterungsverhältnisse für die Virusausbreitung wies bereits Steudel (1949) hin. In Gebieten, wo die Möglichkeiten einer anholozyklischen Überwinterung von *M. persicae* beschränkt sind oder völlig fehlen, können in warmen Frühsommern stetige Westwinde zu einem gefährlichen Auftreten der Vergilbungsviren führen.

Eine Korrelation zwischen dem Witterungsverlauf im Winter und dem Vergilbungsauftreten in der darauffolgenden Vegetationszeit stellte Hurst (1965) fest. Er schlug die Vorhersage der Stärke des Virusbefalls an Hand der mittleren Lufttemperaturen im Februar, März und April vor. Diese Ergebnisse wurden in den Arbeiten von Watson (1966) und Watson u. a. (1975) aufgegriffen, die für die Rübenanbaugebiete im Südosten Englands eine Prognosemethode entwickelten. Von der Anzahl Frosttage von Januar bis März und der Mitteltemperatur im April ausgehend kann der durchschnittliche Vergilbungsbefall Ende August vorhergesagt werden. In den nördlicheren Gebieten Englands korreliert nur die Apriltemperatur mit dem Krankheitsauftreten (Anonym 1982). Die Prognosemethode wird seit einigen Jahren als Entscheidungshilfe für die Zuckerrübenanbauer genutzt (Anonym 1981), die exakte Vorhersage starker Befallsjahre erscheint jedoch problematisch (Hull, Dunning 1976, Anonym 1982).

Auf ähnliche Zusammenhänge zwischen Winterwitterung und Vergilbungsbefall weist Krause (1983) hin, hält jedoch eine sichere Voraussage auf Grund des Einflusses der späteren Witterung nicht für möglich.

Eine in Schweden entwickelte Prognosemethode basiert auf der Dauer und Stärke des Südwindes im Juni—Juli sowie auf der Anzahl der Frosttage im März und der mittleren Mai-Temperatur (Wiktelius 1977). Gibbs (1966) stellte eine Abhängigkeit der Höhe des Vergilbungsauftretens von der Sonnenfleckenaktivität im Verlauf des vorhergehenden Sommers fest. Eine Prognosemethode wurde daraus nicht abgeleitet.

Für die Vorhersage der möglichen Stärke des Vergilbungsauftretens sowie die Bestimmung der günstigsten Bekämpfungstermine werden weiterhin Beobachtungen der Entwicklung der Blattlauspopulation im Frühjahr und Frühsommer herangezogen. Hierzu liegt eine große Anzahl von Untersuchungen vor (Hull 1968, Steudel 1971, Autorenkollektiv 1972, Dunning 1976). Im Winter wird an den Winterwirten der Vektorarten *M. persicae* und *A. fabae* der Besatz mit Wintereiern festgestellt. Der Vergleich vieler Jahre läßt daraus Schlußfolgerungen über die Populationsentwicklung im Frühjahr zu (Steudel 1971, Schäufele 1975, Dubnik 1977a). Die Unkrautflora und die den Winter überdauernden Wirtspflanzen der Viren und der Vektoren wurden auf Befall mit den Pathogenen bzw. im Imaginalstadium überwinternden Aphiden im späten Winter und zeitigen Frühjahr überprüft. Hieraus kann abgeleitet werden, ob mit einem frühen Flug infektiöser Läuse gerechnet werden muß (Steudel 1971, Fritzsche u. a. 1972, Hartleb 1976, Hartleb, Bauer 1977).

Steudel (1971) wies bereits auf die Schwierigkeiten bei der Erstellung längerfristiger Vorhersagen hin. Im wesentlichen lassen sie sich auf die gegenwärtige Unmöglichkeit langfristiger Wettervorhersagen zurückführen. So können z. B. starke Kälteeinbrüche im Frühjahr die Aphidenpopulation an den Winterwirten erheblich dezimieren, Regenperioden während der Abflugzeit vom Primärwirt eine zu erwartende Massenvermehrung der Vektoren an den Rüben verzögern bzw. senken (Steudel 1971, Krause 1983).

Für die Bestimmung des ersten Bekämpfungstermins bedient man sich in den einzelnen Ländern unterschiedlicher Methoden und legt verschiedene Entscheidungskriterien zugrunde (Dunning 1976). So wurde in England hierfür der Nachweis von 1 *M. persicae* je 4 Pflanzen festgelegt (Anonym 1981), während im Gebiet Westfalen-Lippe der BRD der Bekämpfungstermin bei Zuflug der Vektoren signalisiert wird (Krause 1983). Die unterschiedlichen Kriterien wurden empirisch festgelegt und sind nach Steudel (1971) ein Ausdruck für die Größe der Gefahr, die in den einzelnen Ländern und Anbaugebieten dem Auftreten der Frühinfektionen beigemessen wird.

Zur Ermittlung des Zuflugs der Vektoren in die Rübenbestände bedient man sich in den einzelnen Ländern unterschiedlicher Methoden. Verwendet werden Gelbschalenfänge, Saugfallen, Auszählungen des Blattlausbesatzes an Blättern bzw. Pflanzen u. a. (Steudel 1971, Autorenkollektiv 1972, Fritzsche u. a. 1972, Hartleb 1975, Jadot, Oger 1975, Dunning 1976, Dubnik 1977b). In der DDR hat sich die Gelbschalenmethode bewährt (Dubnik 1977a, Lehmann u. a. 1982, Schwähn, Röder 1983).

In der DDR werden für die Bekämpfungsentscheidung im Hauptbefallsgebiet der virösen Rübenvergilbung 2 Ausgangsinformationen geliefert: 1. die Einschätzung des zu erwartenden Befalls (Befallsprognose) und 2. die Signalisation des Flugbeginns infektiöser Vektoren.

Die Vorhersage des Befalls erfolgt auf der Grundlage von Regressionsmodellen (Kastirr 1984). Ausgehend von Witterungsdaten sowie den Befallswerten des Vorjahres wird der Früh- und der Gesamtbefall in den Bezirken Halle und Magdeburg vorausgesagt. Die Methode schließt die Möglichkeit länger- und kurzfristiger Prognosen ein. Die somit erstellten Vorhersagen sind als Orientierungswerte aufzufassen, die die Ausgangssituation, d. h. das Infektionspotential, charakterisieren.

An Hand eines mehrjährigen Vergleichs von Gelbschalenfängen der Grünen Pfirsichblattlaus und Frühbefall mit Vergilbungsviren im Hauptbefallsgebiet konnte gezeigt werden, daß einem sehr geringen Frühbefall (Anfang August unter einem Mittel von 5%) immer ein verzögerter Anstieg der Flugaktivität von *M. persicae* vorausgegangen war. Die endgültige Entscheidung über die Bekämpfungsnotwendigkeit ist demzufolge vom Erreichen einer Gelbschalenfangsumme von 5 *M. persicae* in einer repräsentativen Station des Hauptbefallsgebietes abhängig zu machen. Wird diese Fangsumme erst im Juli erreicht, sollte von einer Vektorbekämpfung Abstand genommen werden. Wird dieser Wert früher festgestellt, wird die Bekämpfungsentscheidung vom Auftreten infektiöser Vektoren abhängig gemacht (Fritzsche u. a. 1986).

Mehrjährige Versuche zur Bestimmung des Flugbeginns infektiöser Aphiden belegen, daß dieser nicht mit dem Beginn des Fluges der relevanten Blattlausarten überhaupt einhergeht (Proeseler 1980, Proeseler u. a. 1982). Es konnte vielmehr festgestellt werden, daß mit den ersten Infektionen im Hauptbefallsgebiet in der Regel nicht vor Ende der ersten Junidekade zu rechnen ist. Den Erfahrungen folgend ist daher der Termin für die erste Vektorbekämpfung zu diesem Zeitpunkt signalisiert worden, wenn bereits Vektoren der Vergilbungsviren in Gelbschalen gefangen worden waren. Eine aktuelle Aussage über die Infektionsgefahr ist im konkreten Fall mit der angewandten Fangpflanzenmethode jedoch nicht zu treffen. Eine rechtzeitige Diagnose ist mit der Anwendung des serologischen ELISA-Tests zum Nachweis des BMYV in einzelnen *M. persicae* möglich (Kastirr, Reichenbächer, Haase 1985). Auf dieser Basis können im Zeitraum von Mitte Mai bis Ende Juni Gelbschalenfänge aus mehreren Orten des Hauptbefallsgebietes auf BMYV getestet werden (Kastirr, Svoboda 1988). Der Flugbeginn virulenter Aphiden wird den Pflanzenschutzämtern signalisiert. Somit kann die Bekämpfungsentscheidung wie folgt getroffen werden:

- Organisation der Vektorbekämpfungsmaßnahmen an Hand der Befallsprognosen.
- Einleitung der 1. Vektorbekämpfung beim Erreichen einer Fangsumme von 5 *M. persicae* und dem Nachweis des Auftretens BMYV-tragender Aphiden. Wird eine dieser beiden Voraussetzungen erst im Juli erreicht, ist die Insektizidapplikation abzusetzen.
- Ist zu Beginn der 2. Infektionsphase mit dem sommerlichen Befallsflug Ende Juni bis Anfang Juli bereits ein Abklingen der Mittelwirkung abzusehen, wird die 2. Vektorbekämpfung erforderlich.

Unter den Produktionsbedingungen Großbritanniens ist die schlagbezogene Entscheidung über die Notwendigkeit der Vektorenbekämpfung mit Insektizidspritzungen von besonderer Bedeutung für die Senkung des Befalls mit viröser Vergilbung (Dunning, mündliche Mitteilung 1985), besonders in der Zeit von Mai bis Juni. Dazu ist vorgesehen, dem Landwirt einfach zu handhabende Entscheidungshilfen zu übergeben. In diesen werden u. a. der Feldauflauf der Rüben (je später, desto höheres Risiko), die Größe des Feldes (je kleiner, desto größer das Befallsrisiko) und die Virusquellen in der Nähe der Fabrikrübenbestände berücksichtigt. Ein entsprechendes Schema, welches noch der weiteren Erprobung bedarf, dient der Bekämpfungsentscheidung durch Bewertung bestimmter Kriterien mit Zahlen und deren Addition und ist auf folgendem Prinzip aufgebaut: siehe Seite 74).

Unter den Produktionsbedingungen der DDR konnte in langjährigen Untersuchungen nachgewiesen werden, daß die höchste Effektivität der Vektorenbekämpfung dann erreicht wird, wenn in einem geschlossenen Anbaugebiet die Bekämpfungsmaßnahmen großräumig und in einer möglichst kurzen Zeitspanne vom signalisierten Bekämpfungs-

Schema zur Entscheidung über Vektorenbekämpfung

	1	2	3	4	5
Datum des Auflaufs	vor 31. 03.	1.–15. 04.	1.–15. 05.	nach 15. 05.	
Pflanzen/ha × 1000	> 95	80–95	70–80	55–70	< 55
± geschützte Lage		exponiert	durch-schnittlich	geschützt	
Bodeninsektizide	Aldicarb	Carbofuran	ohne	HCH+)	
Bodentyp		schwer	mittel	leicht	

+) HCH schädigt vorwiegend Aphiden-Antagonisten

Wertzahlen	Entscheidungsvorschlag
7–12	nicht spritzen
13–17	an 2. Stelle spritzen (nicht vordringlich)
> 18	sofort spritzen

termin an erfolgen. Danach ergibt sich für ein solches Territorium die Frage nach der Rangfolge der zu behandelnden Zuckerrübenschläge, wenn zunächst die Gesichtspunkte des unmittelbaren Effektes auf die Virusübertragung in den Vordergrund gestellt werden. Daß hierauf auch ökononische Erwägungen Einfluß haben, versteht sich von selbst. Für diese schlagbezogene Bekämpfungsentscheidung wurde deshalb ein für Bürocomputer geeignetes Programm in BASIC erarbeitet, dessen Ausgangsdaten solche für die Vergilbungsgefährdung wichtigen Fakten wie: Bestandesdichte, Entfernung von Vermehrungsbeständen der Beta-Rüben, Pflanzenalter und Aussaattermin, Manganversorgung der Böden u. a. enthalten. Auf die Einbeziehung evtl. vorangegangener Insektizidanwendungen zur Rübenfliegen- bzw. *Aphis fabae*-Bekämpfung als Direktschädling wurde zunächst wegen der relativ großen Aussageunsicherheit hinsichtlich der witterungsabhängigen Dauerwirkung der hierfür angewandten niedrigeren Insektizidaufwandmengen verzichtet. Hier macht sich die operative Entscheidung des Pflanzenschutzspezialisten erforderlich.

Nach Abarbeitung des Programms wird auf dem Bildschirm die ermittelte Rangliste der Schläge angezeigt und, falls erforderlich, auch ausgedruckt. Diese Rangliste dient dann in Verbindung mit den ökonomischen und arbeitswirtschaftlichen Gesichtspunkten im jeweiligen Territorium als Grundlage für die Durchführung der Vektorenbekämpfung innerhalb der in den Maßnahmeplänen festgelegten Zeitspanne.
Diesem Programm liegt folgende Matrix zu Grunde:

	Gefährdungsgrad		
	sehr hoch 1	mittel 2	gering 3
Entfernung von Vermehrungsbeständen u. a. **Virusreservoiren**:			
– unmittelbar benachbart	+	–	–
– ca. 1000 m	–	+	–
– über 3000 m	–	–	+

	Gefährdungsgrad		
	sehr hoch 1	mittel 2	gering 3
Bestandesdichte:			
– 45–60000	+	–	–
– über 60–80000	–	+	–
– über 80000 Pflanzen pro ha	–	–	+
Pflanzenalter:			
– 3–6 Wochen	+	–	–
– über 6–9 Wochen	–	+	–
– über 9 Wochen	–	–	+
Aussaattermin:			
– Ende März–Anfang April	–	–	+
– Mitte April	–	+	–
– nach dem 1. Mai	+	–	–
N-Düngung:			
– normale N-Düngung nach EDV	–	+	–
– doppelte N-Düngung	+	–	–
Beregnung:			
– Bestand wird beregnet	–	–	+
– Bestand wird nicht beregnet	+	–	–
Ergebnis der Bodenuntersuchung:			
– Mangan-Mangel	+	–	–
– Mangan normal versorgt	–	+	–

12. Virus- und Vektorresistenz

12.1. Virusresistenz *)

Innerhalb der Gattung *Beta* wurde bisher keine Immunität festgestellt. Es kommen unterschiedliche Resistenztypen vor, die durch verschiedene Gene kontrolliert und unabhängig voneinander vererbt werden (RUSSELL 1978). Es handelt sich um Infektions-, Vermehrungs- und Vektorresistenz sowie Virustoleranz. Teilweise wurde die in einigen Linien von *Beta vulgaris* ssp. *maritima* vorliegende Toleranz züchterisch genutzt. Resistenz gegenüber BYV wurde bei *B. intermedia*, *B. lomatogona*, *B. orientalis* und *B. trigyna* festgestellt (SUGIMOTO u. a. 1970). Da die Wildrüben viele unerwünschte Eigenschaften (Wurzelverzweigung, geringe Wurzelmasse, niedriger Zuckergehalt usw.) besitzen sowie die Nachkommen zwischen Zuckerrübe und Wildarten eine hohe Sterilität aufweisen, sind sie schwierig in das Zuchtprogramm einzubeziehen. Bei Verwendung von *B. corliflora* zur Einkreuzung von Toleranz gegenüber dem BYV zeigen die Nachkommen intermediären Phaenotyp und sind männlich steril. Rückkreuzungen mit diploiden und tetraploiden Kulturformen der Zuckerrübe ergeben tri- und tetraploide virustolerante Nachkommen (DALKE u. a. 1971).

BMYV-tolerante Zuckerrübenlinien zeigen nach der Infektion einen verminderten Gehalt an Chlorophyll a und b von 20–43%, während er bei anfälligen Linien 38–61% beträgt. Die Ribonukleaseaktivität ist in toleranten Rüben höher als in anfälligen (LABEDZKA, TRZEBIRZSKI, 1980).

Für die Vergilbungsviren können verschiedene Stämme nachgewiesen werden. Es gibt bisher keinerlei Hinweise, daß die Virusresistenz stammspezifisch ist bzw. einzelne Virusstämme die Resistenz überwunden haben. Vemutlich sind alle Typen der Vergilbungsresistenz nicht stammspezifisch.

Virusresistenzprüfungen bei Zuckerrüben werden nur im Freiland durchgeführt, da die durch das BMYV induzierten Symptome im Gewächshaus nicht oder stark abgeschwächt hervortreten. Die Prüfungen können nur durch Blattlausinokulation vorgenommen werden, weil das BYV nach mechanischer Inokulation bei der Rübe nicht immer systemisch wird, und das BMYV nicht mechanisch übertragbar ist.

In der DDR erfolgt die Resistenzprüfung gegen die viröse Rübenvergilbung nach TGL 31 994/02 (BRIEST 1984). Danach werden die im Freiland ausgesäten und vereinzelten Rüben Ende Juni mit etwa je 10 Blattläusen der Art *Myzus persicae* besetzt, indem Blattstückchen mit virustragenden Aphiden (BMYV + BYV) in die Mitte der Blattrosette jeder Rübenpflanze gesteckt werden. Die Blattstücke stammen von mit beiden Viren infi-

*) siehe hierzu auch KEGLER, H., KLEINHEMPEL H.: Virusresistenz der Pflanzen. Akademie-Verlag Berlin, 1987.

zierten Samenträgern, die im zeitigen Frühjahr im Gewächshaus angezogen und mit Blattläusen besetzt worden sind. Nach 3 Tagen werden die Aphiden an den zu prüfenden Rübenpflanzen durch Applikation von Insektiziden abgetötet. Die Bonitierung der Pflanzen erfolgt 4, 8 und 12 Wochen p. i. durch Bewertung der Symptomstärke möglichst auf den Einzelpflanzen sowie nach der Ernte durch Ermittlung des Rüben- und Weißzuckerertrages.

Neben der Symptomintensität und der Ertragsleistung werden in der Literatur als weitere mögliche Kriterien für die Resistenzprüfung äußere und innere Merkmale angegeben. Zu nennen sind hier:

- Blattgewicht und Blattfläche
- Anzahl der Chloroplasten in den Nebenzellen der Nebenzellen der Stomata, Schädigung der Chloroplasten.
- Gehalt der Blätter bzw. Wurzeln an Ca, K, Mg, Na und P, β-Karotin, Alanin, Citrullin, Glutaminsäure und Peroxidasen.

Diese Kriterien sollen besonders im frühen Stadium der Infektion eine mögliche Resistenz andeuten (Debowski, Pawelska 1981, Rimsa u. a. 1984). Es fehlen jedoch bisher jegliche Hinweise, daß derartige Merkmale in die praktische Resistenzprüfung einbezogen worden sind.

Dagegen wird unter den serologischen Nachweismethoden der ELISA breite Anwendung in der Resistenzprüfung bei Zuckerrüben finden, da für das BMYV und BYV hoch spezifische Antiseren hergestellt werden können. Der ELISA ermöglicht vor allem Aussagen über die Viruskonzentration, so daß Rübenpopulationen selektiert werden können, in denen sich die Vergilbungsviren weniger intensiv vermehren können. Da eine Resistenz gegen das BMYV nicht mit einer Resistenz gegen das BYV verbunden sein muß, ist die Resistenzprüfung nacheinander oder gleichzeitig gegen beide Viren durchzuführen.

Für die Virusresistenzprüfung bei Zuckerrüben ist nach Röstel, Hartleb (1980) die Selektion von resistentem Ausgangsmaterial erforderlich, das später zur Hybridzüchtung verwendet wird.

Dabei finden inter- und intrafamiliäre Selektionen von leistungsfähigen pollensterilen und von Bestäuberpopulationen statt, die unter verschiedenen Infektionsbedingungen

Tab. 36. Weißzuckererträge der 1. bis 6. Nachkommenschaftsgeneration des monocarpen fertilen Ausgangsmaterials im Vergleich zum Standard „Hymona‘ unter Infektionsbedingungen im Mittel der Jahre 1976 bis 1978

Generation	Mittlere Weißzuckererträge im Vergleich zum Standard
G_1	107,3
G_2	110,6
G_3	114,0
G_4	114,1
G_5	116,0
G_6	116,3
$GD_{5\%}$	3,5

(nach Röstel, Hartleb 1980)

geprüft werden. Fortgesetzte Selektionen in den Nachkommenschaftsprüfungen bis zur 6. Generation führen zur Stabilisierung der Resistenz, die im Vergleich zu Standardsorten unter Infektionsbedingungen am Weißzuckerertrag gemessen wird (Tab. 36).

In der englischen Sorte ‚VT 95' gelang die Kombination von Resistenz gegenüber *Myzus persicae* und Infektionsresistenz sowie Toleranz gegenüber BMYV und BYV (Russell 1972). Virus- und Vektorresistenz weist auch die Sorte ‚Maris Vanguard' auf. Virustoleranz zeigen die Sorten ‚Vytomo' und ‚Hilleshög 833'.

Die bereits vorliegenden virusresistenten bzw. -toleranten Sorten gelangen in den west- und nordeuropäischen Ländern nur zögernd zum Anbau, da sie bei fehlendem oder schwachem Auftreten der virösen Rübenvergilbung keinen so hohen Ertrag wie die anfälligen Sorten erbringen bzw. eine höhere Anfälligkeit gegen *Erysiphe betae*, *Peronospora farinosa betae* und *Ramularia beticola* aufweisen (Steudel 1978). Generell muß betont werden, daß beim Anbau von virusresistenten Rübensorten auf chemische Bekämpfungsmaßnahmen gegen die Vektoren des BMYV und BYV nicht verzichtet werden kann. Ihr Umfang ist auch unter Nutzung der Prognosemöglichkeiten über das zu erwartende Befallsausmaß auf ein Minimum zu beschränken.

12.2. Vektorresistenz

Die Vektorresistenz bildet neben der Virusresistenz eine weitere Möglichkeit, den Vergilbungsbefall durch vererbbare Eigenschaften der Pflanze zu senken. Da die Vergilbungsviren der Rübe durch Aphiden übertragen werden, entspricht die Vektorresistenz weitgehend einer Blattlausresistenz, ist ihr jedoch nicht in allen Komponenten gleichzusetzen. Als Blattlausresistenz können alle die vererbbaren Eigenschaften einer Pflanze verstanden werden, die die Ansiedlung und/oder Vermehrung der Aphiden auf diesen Pflanzen verringern oder verhindern.

Nach Russell (1972) ist bei der Blattlausresistenz der Pflanzen zwischen folgenden Komponenten zu unterscheiden:

- Resistenz gegen Besiedlung
- Resistenz gegen Vermehrung
- Toleranz.

Resistenz gegen Besiedlung umfaßt alle Faktoren, die die Erkennung der Pflanze als Wirtspflanze und die Bereitschaft der Aphiden, sich auf ihr anzusiedeln, beeinflussen. Sie beginnt bereits mit der visuellen Erkennung, da rotgefärbte Blätter weniger durch Aphiden befallen werden als ungefärbte grüne Blätter (Fritzsche u. a. 1984). Sie äußert sich aber hauptsächlich erst nach dem unmittelbaren Kontakt mit der Blattfläche. Die Ursache für diese Resistenzkomponente können sowohl morphologische als auch biochemische Faktoren sein. Eine Resistenz gegen Besiedlung, die erst nach dem Kontakt der Aphiden mit der Pflanze wirksam wird, bewirkt bei den Aphiden ähnliche Verhaltensweisen wie auf Nichtwirtspflanzen. So wurde beobachtet, daß auf diesen Pflanzen der erste Einstich später als auf den guten Wirtspflanzen, die Einstichdauer kürzer, die Zahl der Einstiche aber erhöht ist und die Pflanzen schneller verlassen werden (Djafaripour 1977, El-Sayed 1971, Kennedy u. a. 1978, Klingauf 1970, Klingauf u. a. 1978, Matthieu, Verhoyen 1980, Nacken 1974).

Diese Verhaltensweisen wirken aber fördernd auf die Übertragung nichtpersistenter und semipersistenter Viren (z. B. das BYV), während die Übertragung persistenter Viren kaum beeinflußt wird. Die Resistenz gegen die Vermehrung hat vor allem physiologische Ursachen, beispielsweise das Vorkommen bestimmter toxisch wirkender Inhaltsstoffe, das Fehlen bestimmter essentieller Nahrungskomponenten oder ungünstige Verhältnisse im Gehalt verschiedener Nahrungskomponenten (z. B. Zucker:Aminosäuren). Resistenz gegen Vermehrung verhindert keine Virusinfektion der befallenen Pflanze. Sie verhindert jedoch die Entwicklung einer großen Blattlauspopulation und reduziert dadurch, ähnlich einer Insektizidbehandlung, den von den Aphiden ausgehenden Populationsdruck.

Toleranz gegen Blattlausbefall führt dagegen zu keiner Populationsverringerung der Aphiden und reduziert somit auch nicht den Infektionsdruck. Somit ist diese Komponente ohne Bedeutung für die Vektorresistenzzüchtung.

Haniotakis, Lange (1974) prägten speziell im Hinblick auf die Virusübertragung den Begriff „Resistenz gegen Virusinokulation". Sie registrierten das Probesaugverhalten während der Besiedlungsphase an Pflanzen mit Resistenz gegen das BYV. Sie konnten feststellen, daß an diesen Pflanzen die Häufigkeit und Dauer des Probesaugens geringer war als an anfälligen Pflanzen. Die Komponenten der Blattlausresistenz können einzeln oder kombiniert auftreten und sich in ihrer Wirkung ergänzen. Andererseits ist es schwierig, bei Vorliegen einer Resistenz den Anteil der einzelnen Komponenten voneinander abzugrenzen.

Ziel der Vektorresistenzzüchtung ist es, die bisher notwendige Vektorbekämpfung reduzieren zu können und den Vergilbungsbefall und die dadurch bedingten Ertragsverluste zu senken. Nach den bisherigen Kenntnissen ist anzunehmen, daß die Vererbung der Blattlausresistenz auf Grund der Vielzahl der möglichen Faktoren polygen, zum Teil möglicherweise auch zytoplasmatisch erfolgt (Lowe 1969). Kreuzungen von resistenten und anfälligen Eltern ergaben Nachkommen, deren Resistenz etwa in der Mitte zwischen den Eltern lag.

Erwartet wird, daß sich die Resistenz durch Kombination der verschiedenen Faktoren schrittweise erhöhen läßt (Lowe 1977). Voraussetzung dafür ist, daß eine entsprechende Anzahl von Zuchtlinien bzw. Populationen selektiert werden und diese kombiniert werden können.

Als theoretisches Ziel einer vektorresistenten Sorte müßten nach Lowe, Russell (1969) Pflanzen selektiert werden, auf denen sich die zufliegenden Aphiden schnell ansiedeln, um eine möglichst geringe Verbreitung der nicht- bzw. semipersistenten Viren zu erreichen, kombiniert mit einer hohen Resistenz gegen Blattlausvermehrung.

Mit der Züchtung vektorresistenter Pflanzen wurde bisher vor allem in England in der Mitte der 60er Jahre begonnen. Vergleiche von Inzuchtlinien ergaben zum Teil auffällige Unterschiede in der Vermehrung der Blattläuse. Dabei konnte beobachtet werden, daß Rüben mit Vermehrungsresistenz gegen *Myzus persicae* nicht in jedem Fall gleichzeitig auch gegen *Aphis fabae* resistent sind und umgekehrt (Lowe, Russell 1969). Durch Selektion von Einzelpflanzen mit Resistenzeigenschaften konnten Rübenpopulationen erhalten werden, auf denen sich 4–5mal weniger Aphiden wie auf anfälligen Pflanzen entwickelten (Lowe 1970). Im Freiland durchgeführte Untersuchungen ergaben lediglich zwischen den anfälligsten und resistentesten Auslesen signifikante Unterschiede im Blattlausbefall. Freilandversuche zeigten weiterhin, daß sich die Vergilbungsviren auf *M. persicae*-resistenten Zuckerrübenstämmen in geringem Maße ausbreiten als auf anfälligen. So waren Anfang September nur 8,8% der Pflanzen einer resistenten Auslese im Vergleich zu 33,5% der Pflanzen einer anfälligen Auslese vergilbt (Lowe 1975a).

Eigene Untersuchungen wiesen graduelle Unterschiede im Befall zwischen verschiedenen Rübenpopulationen unter klimatisierten Bedingungen nach.

Die Selektion resistenter Linien wird dadurch erschwert, daß das Verhalten der Aphiden auf den Pflanzen nicht nur durch die vererbbaren Eigenschaften, sondern in hohem Maße auch durch die Umweltbedingungen direkt oder indirekt über die Pflanze beeinflußt wird. Für die Resistenzzüchtung müssen daher Prüfmethoden entwickelt werden, die den Einfluß der Umwelt reduzieren, geringe Resistenzunterschiede relativ sicher nachweisen und die Selektion von Pflanzenmaterial für den Züchtungsprozeß ermöglichen.

Um die verschiedenen Resistenzkomponenten zu erfassen, können verschiedene Methoden verwendet werden.

Hinweise auf Resistenz gegen eine Besiedlung ergeben sich aus der Ansiedlung von Geflügelten auf zufällig verteilten Pflanzen sowie die Verteilung von künstlich aufgesetzten Adulten auf in Kontakt stehenden Pflanzen (LOWE, RUSSELL 1969). Weiterhin können Resistenzfaktoren gegen Besiedlung durch die Beobachtung des Saugverhaltens und des Wechsels der Blattseite beurteilt werden (LEHMANN u. a. 1983). Mit Hilfe elektronischer Registrierverfahren läßt sich die Probesaugdauer sowie die Zeit des Phloemsaugens in einer definierten Zeitspanne exakt messen und zur Berechnung eines „relativen Resistenzindex" verwenden (HANIOTAKIS, LANGE 1974).

Die Aktivitätsmessung von Blattläusen nach dem Saugen an radioaktiv markierten Pflanzen ist ein Maßstab für die aus den Pflanzen aufgenommene Saftmenge und ergibt ebenfalls Hinweise auf Resistenzeigenschaften (LEHMANN u. a. 1983). Die effektivste Methode der Resistenzprüfung für die Selektion und Resistenzzüchtung ist die Bestimmung der Vermehrung der Blattläuse, sowohl unter klimatisierten Bedingungen bzw. im Gewächshaus als auch im Freiland (LOWE 1974a, 1979, LEHMANN u. a. 1983). Sie ermöglicht die rasche Prüfung größerer Pflanzenmengen, sowohl zur Einschätzung des Resistenzverhaltens einer Zuchtpopulation als auch zur Selektion von aussichtsreichen Einzelpflanzen für den weiteren Zuchtprozeß.

Von DE PONTI (1979) wird allgemein vorgeschlagen, daß in den Fällen, in denen keine spezifische Insektenresistenzzüchtung erfolgt, wenigstens eine natürliche Selektion im Zuchtprozeß durch drastische Senkung des Pestizideinsatzes erfolgen sollte, um einen weiteren Resistenzabbau im Zuchtmaterial zu verhindern. LOWE (1974b) fand, daß Klone von *M. persicae*, die in verschiedenen Gebieten Englands gesammelt worden waren, in ihrem Besiedlungsverhalten an unterschiedlich resistenten Zuckerrübenzuchtlinien differierten. Die Existenz von Biotypen, die möglicherweise die Resistenz durchbrechen, wurde von ihm jedoch verneint. Infolge der starken Polyphagie dieser Art ist die Selektion resistenzbrechender Biotypen kaum zu erwarten.

Beobachtungen während der Freilandprüfungen ließen erkennen, daß Unterschiede in der Resistenz von Zuckerrübenpopulationen durch das Wirken von Prädatoren verstärkt werden (LOWE 1975b).

Aus den Resistenzprüfungen ergab sich, daß eine ganze Reihe von Umweltfaktoren das Resistenzverhalten der Pflanzen beeinflussen können (LOWE 1975b). So war zu beobachten, daß erhöhte N-Düngung die Resistenzunterschiede zwischen resistenten und nichtresistenten Rübenpopulationen vergrößert (LOWE 1970). Erhöhter Zuckergehalt der Blätter fördert die Ansiedlung der Aphiden (LOWE 1970).

Literatur

ACHARD, F. C.: Ausführliche Beschreibung der Methode, nach welcher bei der Kultur der Runkelrübe verfahren werden muß. Berlin 1799, in: Dokumente der Wissenschaftsgeschichte, Akademie-Verlag Berlin 1984, 36 S.

ALIKHAN, M. A.: Behaviour of the black bean aphis in selecting its host-plant. Current Sci. **29** (1960), S. 142

Anonym: Virus yellows of sugar beet. Min.Agric., Fish., Food. 1981 Leaflet 323, 10 S.

Anonym: Virus Yellows Incidence and the Effect of Winter Weather. Brit. Sugar Beet Rev. **50** (1982), S. 57–58

Anonym: Pest and disease study group, Meeting Fuchsenbigl 19.–21. 9. 1984. Inst. Internat. de Rech. Betteravières S. 1–42

Anonym: Maßnahmen zur Einschränkung der Übertragung der Viruskrankheiten von Betarübenvermehrungsflächen auf Zuckerrübenflächen. VVB Saat- und Pflanzengut Quedlinburg und Zentrales Staatliches Amt für Pflanzenschutz und Pflanzenquarantäne Potsdam, DDR (1985), 3 S.

Autorenkollektiv: Die Bekämpfung tierischer Vektoren pflanzenpathogener Viren und Mykoplasmen im Getreide-, Kartoffel- und Zuckerrübenanbau. Forrschrittsbericht für die Land- und Nahrungsgüterwirtschaft **10** (1972), Heft 5/6, 90 S.

BAKER, P. F.: Aphid behaviour on healthy and on yellows-virus-infected sugar beet. Ann.appl. Biol. **48** (1960), S. 384–391.

BAR-JOSEPH, M., Hull, R.: Purification and partial characterization of sugar beet yellows virus. Virology **62** (1974), S. 552–562

BEHRENDT, K.: Schwarze Rübenblattlaus. In: SCHWÄHN, P.; RÖDER, K.: Methodische Anleitung zur Schaderreger- und Bestandesüberwachung auf EDV-Basis. Agra-Buch (1982), S. 175–180

BEHRENDT, K.; FRITZSCHE, K.-H.: Grundlagen zur Überwachung von Schadinsekten in großflächigen Zuckerrübenbeständen. Nachrichtenbl. Pflanzenschutz DDR **29** (1975), S. 194 bis 198

BENNETT, C. W.: Sugar beet yellows disease in the United States. Agric. Technical Bull. 1218 (1960), 63 S.

BENNETT, C. W.; MCFARLANE, J. S.: Damage produced by beet yellows and beet western yellows under greenhouse and field conditions. J. Amer. Soc. Sugar Beet Technol. **14** (1967), S. 619 bis 636

BERCKS, R.; ZIMMER, K.: Untersuchungen über die viröse Rübenvergilbung. Phytopathol. Z. **25** (1956), S. 255–266

BERGER, H.: Insektizide Granulate im Rübenbau – Versuchsbericht über einjährige Versuche. Pflanzenarzt **30** (1977), S. 6–7

BJÖRLING, K.: Stability of strains of sugar beet yellows virus and influence of host genotype on the symptoms. Socker Handl. II **17** (1961), No. 1, S. 1–13

BJÖRLING, K.: Effect of different modes of vector inoculation on symptoms and yield reduction by beet yellow virus. Socker Handl. II, **19** (1963), No. 1, S. 1–23

BJÖRLING, K.: Observations on the viral progeny of mixed infections with beet yellows virus. Socker Handl. II, **24** (1970), No. 1, S. 1–11

BJÖRLING, K.: Virus yellows. Incidence, epidemiology and agronomic control. Inst. internat. rech. betteravières, 39. Congr. de Hiver (1976), S. 1–11

BJÖRLING, K.; NILSSON, B.: Observations on host range and vector relations of beet mild yellowing virus. Socker Handl. II, **21** (1966), No. 1, S. 1–14

BJÖRLING, K.; OSSIANNILSSON, F.: Investigations on individual variations in the virus-transmitting ability of different aphid species. Socker Hand. II, **14** (1958), No. 1, S. 1–13

BOJNANSKY, V.; KOSLJAROVA, V.; NAGYOVA, M. T.: The effect of virus disease on the crop of the sugar beet seed. Práce ústavu exp. fytopathol. a entomol., Bratislava **2** (1983), S. 111–117

Brčák, J.; Polák, J.: Aphids can acquire beet yellows virus from leaves covered with a membrane. Biol. Plant. **12** (1970), S. 414–418

Briest, E.: Beiträge zur Präzisierung der Resistenzprüfung von Betarüben gegenüber Vergilbungsviren. Diss. Akademie der Landwirtschaftswissenschaften der DDR (1984), 151 S.

Briest, E.; Schmidt, H. E.; Kalinina, J.; Richter, J.; Zobywalski, S.: Nachweis von Gemüsekulturen und Raps als natürlich infizierte Winterwirte des Milden Rübenvergilbungs-Virus (beet mild yellowing virus). Arch. Phytopathol. u. Pflanzenschutz **20** (1984), S. 177 bis 179

Burghardt, H.; Bercks, R.: Untersuchungen an verschiedenen Varianten des Vergilbungsvirus der Beta-Rüben. Phytopathol. Z. **34** (1959), S. 325–337

Carlebach, R.; Raccah, B.; Loebenstein, G.: Detection of potato virus Y in the aphid Myzus persicae by ELISA. Ann. appl. Biol. **101** (1982), S. 511–516

Carpenter, J. M.; Kassanis, B.; White, R. F.: The protein and nucleic acid of beet yellows virus. Virology **77** (1977), S. 101–109

Casper, R.: Beet western yellows virus in potatoes in Germany? EAPR-Meeting, Braunschweig (1983), S. 101

Chevallier-Bosdevesy, D.: Contribution à l'étude des virus de la jaunisse grave et modérée de la betterave. Diss. Univ. Louis Pasteur Strasbourg I (1983), 66 S.

Chevallier, D.; Engel, A.; Wurtz, M.; Putz, C.: The structure and characterization of a closterovirus, beet yellows virus, and a luteovirus, beet mild yellowing virus, by scanning transmission electron microscopy, optical diffraction of electron images and acrylamide gel electrophoresis. J. gen. Virol. **64** (1983), S. 2289–2293

Chevallier, D., Putz, C.: Detection of sugar beet yellowing viruses in leaf extracts by enzyme-linked immunosorbent assay (ELISA). Ann. Virol. **133** E (1982), S. 473–481

Clark, M. F., Adams, A. N.: Characteristics of the microplate method of enzyme-linked immunosorbent assay for the detection of plant viruses. J. gen. Virol. **34** (1977), S. 475–483

Clinch, P. E., Loughnane, J. B., McKay, R.: Transmission of a disease resembling virus yellows through the seed of sugar beet. Nature **161** (1948), 4079, S. 28–29

Cockbain, A. J., Heathcote, G. D.: Transmission of sugar beet viruses in relation to the feeding, probing and flight activity of alate aphids. Proc. XII. Int. Congr. Entomol., London 1964 (1965), S. 521–523

Dalke, L., Filutowicz, A., Pawelska-Kozinska, K.: Wyniko badań nad mieszańcami tetraploidalnego jednonasiennogo buraka cukrowego z gatunkiem B. corolliflora 2n = 36 (Studies on hybrids of tetraploid monogerm sugar beet with Beta corolliflora 2n = 36). Biul. Inst. Hodowli Aklimat. Roślin **6** (1971), S. 3–7

D'Arcy, C. J., Howings, A. D., Burnett, P. A., Jedlinski, H.: Comparative purification of two luteoviruses. Phytopathology **73** (1983), S. 755–759

Dabowski, W., Pawelska, K.: Ilościowe badania izoenzymów stalych peroksydazy jako wskaźnik stopnia tolerancji na zóltscźke (beet yellows virus). Hodowla Roślin Aklimat. i Nasiennictwo **25** (1981), S. 137–144

De Ponti, O. M. B.: Host plant resistance to incects and mites: a neglected but essential part of integrated pest control. Proc. Int. Symposium IOBC/WPRS on integrated control in agriculture and forestry, Wien (1979)

Djafaripour, M.: Wanderungs-, Probe- und Seitenwechsel-Verhalten bei der Wirtswahl von zwei Aphiden-Arten, Acyrthosiphon pisum (Harr.) und Megoura viciae (Buckt.) und einer Coccide, Saissetia oleae (Bern.). Forsch. u. Berat., R. A. Düsseldorf **26** (1977), S. 26–28

Drachowská, M., Jaroš, J., Novotný, J., Zelený, V.: Preventivni boj proti mšicim systemický priparvky s chledem na sniženi výskytu virovych chorob. Listy Cukrovarnické **77** (1861), S. 145–153

Dubnik, F.: Beobachtungen über das Auftreten von Myzus persicae auf Beta-Rüben, den Blattlausbefall und die Blattlausbekämpfung im Jahre 1975. Nachrichtenbl. Pflanzenschutz DDR **31** (1977a), S. 84–87

DUBNIK, H.: Vektorenbekämpfung bei Rübensamenträgern und Stecklingen. Saat- und Pflanzgut 18 (1977b), S. 81–82

DUFFUS, J. E.: Two viruses that induce symptoms typical „June yellows" in lettuce. Plant. Dis. Rept. 44 (1960), S. 406–408

DUFFUS, J. E.: Membrane feeding used in determining the properties of beet western yellows virus. Phytopathology 59 (1969), S. 1668–1669

DUFFUS, J. E.: Beet western yellow virus. C. M. I./A. A. B. Descript. Plant Viruses No. 89 (1972), 4 S.

DUFFUS, J. E.: The yellowing virus disease of beet. Advances Virus Research 18 (1973), S. 347–389

DUFFUS, J. E., RUSSELL, G. E.: Serological relationship between beet western yellows and beet mild yellowing viruses. Phytopathology 65 (1975), S. 811–815

DUNNING, R. A.: Virus Yellows, Control by Chemicals. Inst. internat. rech. betteravières, 39. Congr. de Hiver (1976), S. 13–14

DUUREN, VAN, A. J.: De vergelinsziekte der bieten. V. Onderzoek naar de storingen in de stofwisseling van de suikerbiet, verorzakt door de vergelinsziekte. Meded. van het Instituut voor Rationelle Suikerproduktie 25 (1955), S. 61–99

EL-SAYED, A. M. K.: Das Wirtswahl-Verhalten der Getreideblattläuse Rhopalosiphum padi (L.) und Metopolophium dirhodum (Walk.) und dessen Beeinflussung durch verschiedene Faktoren. Diss. Univ. Bonn (1971), 84 S.

EL-TIGANI, M. E.: Der Einfluß der Mineraldüngung der Pflanzen auf Entwicklung und Vermehrung von Blattläusen. Wiss. Z. Univ. Rostock, Math.-Nat. Reihe 11 (1962), S. 307–324

ERNOULD, R.: Communications présentées par l'Institut Belge pour l'Amélioration de la betervave à Tirlemont. 1. La jaunisse et les avertissements de traitments des betteraves aux insecticides systémiques. Parasitica 17 (1961), S. 27–39

ESAU, K., Cronshaw, J., Hoefert, L. L.: Relation of beet yellows virus to the phloem and to movement in the sieve tube. J. Cell. Biol. 32 (1967), S. 71–87

ESAU, K., HOEFERT, L. L.: Cytology of beet yellows virus infection in Tetragonia. II. Vascular elements in infected leaf. Protoplasma 72 (1971a), S. 459–476

ESAU, K., HOEFERT, L. L.: Cytology of beet yellows virus infection in Tetragonia. III. Conformations of virus in infected cells. Protoplasma 73 (1971b), S. 51–65

FLEGG, C. L., CLARK, M. F.: The detection of apple chlorotic leaf spot virus by a modified procedure of ELISA. Ann. appl. Biol. 91 (1979), S. 61–65

FRITZSCHE, R.: Möglichkeiten der Blattlausbekämpfung in Zuckerrüben- und Zuckerrübenstecklingsbeständen. Zeszyty problemowe postepów nauk rolniczych 226 (1979), S. 9–16

FRITZSCHE, R., AMME, A., SASS, O., PROESELER, G.: Vektorbekämpfung im Zucker- und Futterrübenstecklingsanbau. Nachrichtenbl. Pflanzenschutz DDR 28 (1974), S. 182–185

FRITZSCHE, R., GIERSEMEHL, I., THIELE, S.: Wirkung von Insektiziden auf anholozyklisch überwinternde Myzus persicae (Sulz.) als Vektoren der Vergilbungsviren der Zuckerrübe. Nachrichtenbl. Pflanzenschutz DDR 39 (1985), S. 43

FRITZSCHE, R., HARTLEB, H., PROESELER, G., VOGELSÄNGER, D.: Bekämpfung der Vergilbungsviren als Maßnahme zur Steigerung und Sicherung der Zuckerrübenerträge. Feldwirtschaft 18 (1977), S. 130–131

FRITZSCHE, R., HEROLD, H., ECKERT, H.: Vektorenbekämpfung bei Zuckerrüben im Jahre 1980. Feldwirtschaft 21 (1980a), S. 171–172

FRITZSCHE, R., KARL, E., KASTIRR, R., LEHMANN, W., THIELE, S.: Epidemologische Untersuchungen zur Ausbreitung des Milden Rübenvergilbungs-Virus (BMYV) im Zuckerrübenbestand unter besonderer Berücksichtigung der Wanderung radioaktiv markierter Vektoren sowie der Samenübertragbarkeit. Arch. Phytopathol. u. Pflanzenschutz 22 (1985), S. 389 bis 394

FRITZSCHE, R., KARL, E., LEHMANN, W., PROESELER, G.: Tierische Vektoren pflanzenpathogener Viren. VEB Gustav Fischer Verlag Jena (1972), 521 S.

FRITZSCHE, R., KLEINHEMPEL, H.: Weitere Erfahrungen zum Auftreten und zur Bekämpfung der virösen Rübenvergilbung im Zuckerrübenbau sowie Schlußfolgerungen für 1984.

FRITZSCHE, R., PROESELER, G., KARL, E., KLEINHEMPEL, H.: Nachweis der Samenübertragbarkeit des Milden Rübenvergilbungs-Virus (MBYV). Phytopathol. Z. **106** (1983), S. 360–384

FRITZSCHE, R., MEYER, B., KASTIRR, R., KARL, E., SCHLIEPHAKE, E.: Methoden der Signalisation und schlagbezogenen Bekämpfungsentscheidung für die Vektorenbekämpfung in Zuckerrübenbeständen. Nachrichtenbl. Pflanzenschutz DDR **40** (1986), S. 171–174

FRITZSCHE, R., PROESELER, G., THIELE, S., GEISSLER, K., DUBNIK, H., KRAMER, W.: Insektizid-Mineralkombinationen zur Senkung von Virusinfektionen durch Blattläuse im Zuckerrüben- und Pflanzkartoffelbau. Nachrichtenbl. Pflanzenschutz DDR **33** (1979), S. 177–179

FRITZSCHE, R., PROESELER, G., THIELE, S., HARTLEB, H., GEISSLER, K., FRITZSCHE, K.-H., GÖRLITZ, H., THORMEIER, H., KRAMER, W.: Ergebnisse vierjähriger Produktionsexperimente zur Bekämpfung der Vergilbungsviren in Zuckerrübenbeständen. Nachrichtenbl. Pflanzenschutz DDR **34** (1980c), S. 115–118

FRITZSCHE, R., PROESELER, G., THIELE, S., HARTLEB, H., GEISSLER, K., FRITZSCHE, K.-H., GÖRLITZ, H., THORMEIER, H., KRAMER, W.: Senkung der Infektionen mit Vergilbungsviren durch Blattläuse in Zuckerrübenbeständen durch Einsatz von Systeminsektiziden und Systeminsektizid-Mineralöl-Kombinationen und die Auswirkung auf den Rüben- und Zuckerertrag Tag.-Ber., Akad. Landwirtsch.-Wiss. DDR, Berlin **184** (1980b), S. 313–318.

FRITZSCHE, R., THIELE, S.: Einfluß des Virusbefalls der Wirtspflanzen auf die Vermehrung von Spinnmilben (Tetranychidae) und Blattläusen (Aphidina). Arch. Phytopathol. u. Pflanzenschutz **15** (1979), S. 281–287

FRITZSCHE, R., THIELE, S.: Erste Hinweise auf mögliche Wechselbeziehungen zwischen der Manganversorgung von Böden und Pflanzen und dem Auftreten bzw. der Intensität der Symptomausbildung bei Zuckerrüben durch Infektion mit dem Milden Rübenvergilbungs-Virus (beet mild yellowing virus). Arch. Phytopathol. u. Pflanzenschutz **20** (1984), S. 449–451

FRITZSCHE, R., THIELE, S., KLEINHEMPEL, H.: Polyolefine-Folienflachfädengewebe zur Verhinderung der Infektion von Zuckerrübenvermehrungsbeständen auf Kleinflächen mit den blattlausübertragsbaren Vergilbungsviren. Arch. Phytopathol. u. Pflanzenschutz **20** (1984), S. 355 bis 356

FRITZSCHE, R., THIELE, S., KRAMER, W., THUST, U., GEISSLER, K., KOCHMANN, W.: Wirkung von Insektizid-Farbstoffgemischen auf den Befall von Zuckerrüben mit Vergilbungsviren und deren Vektoren Myzus persicae (Sulz.) sowie Aphis fabae Scop. Arch. Phytopathol. u. Pflanzenschutz **20** (1984), S. 33–38

FUCHS, E., GRÜNTZIG, M., POLÁK, J.: Untersuchungen zum Nachweis des Nekrotischen Rübenvergilbungs-Virus (NRVV) mit dem Latextest. Sb. Mézinárodni konference o ochryně cukrovky, Semčice 1976 (1977), S. 221–231

FUCHS, E., OPEL, H., HARTLEB, H.: Nachweisverfahren für das Nekrotische Rübenvergilbungs-Virus (beet yellows virus) — Vergleichende Untersuchungen an Beta vulgaris L. var. altissima Doell, aus dem Freiland und dem Gewächshaus. Arch. Phytopathol. u. Pflanzenschutz **15** (1979), S. 73–80

FÜRSTE, F., MATTHIES, W.: Vektorenbekämpfung bei Zuckerrübenstecklingen. Saat- und Pflanzgut **17** (1976), S. 167

GHENA, N.: Cercetări privind transmiterea prin vectori a virusului ingălbenirii sfeclei de zahăr. Anal. Inst. Cercetări pentru Protecţsia Plantelor **12** (1977), S. 53–61

GIBBS, A. J.: A Possible Correlation between Sugar Beet Yellows and Sunspot Activity. Plant. Pathol. **15** (1966), S. 150–152

GIBSON, R. W., RICE, A. D., SAWICKI, R. M.: Effects of the Pyrethroid Deltamethrin on the acquisition and inoculation of viruses by Myzus persicae. Ann. appl. Biol. **100** (1982), S. 49 bis 54

GOVIER, D. A.: Purification and partial characterisation of beet mild yellowing virus and its serological detection in plants and aphids. Ann. appl. Biol. **107** (1985), S. 439–447

GRIGO, E., NEWERLA, H. G.: Vektorenbekämpfung im Zuckerrübenbau. Gesunde Pflanze **30** (1978), S. 221–226

HAASE, D., PROESELER, G.: Das Gerstengelbverzwergungs-Virus ist nicht samenübertragbar. Nachrichtenbl. Pflanzenschutz DDR

HALL, A. E., LOOMIS, R. S.: Phytosanythesis and respiration by healthy and beet yellows virus-infected sugar beets (Beta vulgaris L.). Crop. Sci. **12** (1972a), S. 566–572

HALL, A. E., LOOMIS, R. S.: An explantation for the difference in photosynthetic capabilities of healthy and beet yellows virus infected sugar beets (Beta vulgaris L.) Plant Physiol. **50** (1972b), S. 576–580

HÄNI, A.: Die Vergilbungskrankheit bei Zuckerrüben in der Schweiz. Mitt. Schweiz. Landw. **27** (1979), S. 15–21

HANIOTAKIS, G. E., LANGE, W. H.: Beet yellows virus resistance in sugar beets: mechanism of resistance. J. econ. Entomol. **67** (1974), S. 25–28

HANSEN, H. P.: Investigations on Virus-Yellows of beet in Denmark. Trans. Dan. Acad, Techn. Sci., **1** (1950), 68 S.

HARTLEB, H.: Untersuchungen zur Milden Vergilbung der Rübe (beet mild yellowing). 1. Virusübertragungen durch Myzus persicae Sulz. nach Verfütterung von Pflanzenextrakten über eine künstliche Membran. Zbl. Bakteriol. Abt. II, **129** (1974), S. 607–609

HARTLEB, H.: Der Befall der Beta-Rüben durch Viruskrankheiten in der Deutschen Demokratischen Republik in den Jahren 1972–1974. Nachrichtenbl. Pflanzenschutz DDR **29** (1975), S. 45–50

HARTLEB, H.: Viruskrankheiten der Beta-Rüben und ihre Bekämpfung. Merkblatt des Pflanzenschutzes (1982), 12 S.

HARTLEB, H.: Analyse der Befallssituation von Rübenvirosen in der Deutschen Demokratischen Republik als virologische Grundlage für die Erarbeitung von Bekämpfungsverfahren. Diss. Akademie der Landwirtschaftswissenschaften der DDR (1976), 158 S.

HARTLEB, H., BAUER, E.: Die Bedeutung von Feldunkräutern für die Überwinterung des Virus der Milden Rübenvergilbung in der Deutschen Demokratischen Republik in den Jahren 1972–1976. Arch. Phytopathol. u. Pflanzenschutz **13** (1977), S. 153–162

HEATHCOTE, G. D.: Yellows and aphids on sugar beet. Rothamsted Report for 1967 (1968a), S. 265–168

HEATHCOTE, G. D.: Protection of sugar beet stecklings against aphids and viruses by cover crops and aluminium foil. Plant Pathol. **17** (1968b), S. 158–161

HEATHCOTE, G. D.: The use of menazon seed dressing to decrease spread of virus yellows in sugar-beet root crops. Ann. appl. Biol. **62** (1968c), S. 113–118

HEATHCOTE, G. D.: Cultural factors affecting colonization of sugar beet by different aphid species. Ann. appl. Biol. **63** (1969), S. 330–331

HEATHCOTE, G. D.: Effect of plant spacing and time of sowing of sugar beet on aphid infestation and spread of virus yellows. Plant Pathol. **19** (1970), S. 32–39

HEATHCOTE, G. D.: Influence of cultural factors on incidence of aphids and yellows in beet. I.I.R.B. Vol. **6**. No. 1 (1972), S. 6–14

HEATHCOTE, G. D.: The effect of plant spacing, nitrogen fertilizer and irrigation on the appearance of symptoms and spread of virus yellows in sugar-beet crops. J. agric. Sci. (Camb.) **82** (1974), S. 53–60

HEATHCOTE, G. D.: Effect of virus yellows on yield of some monogerm cultivars of sugar bet. Ann. appl. Biol. **88** (1978a), S. 145–151

HEATHCOTE, G. D.: Review of Losses caused by Virus Yellows in English Sugar Beet Crops and the Cost of Partial Control with Insecticides. Plant Pathol. **27** (1978b), S. 12–17

HEATHCOTE, G. D., COCKBAIN, A. J.: Transmission of beet yellows virus by alate and apterous aphids. Ann. appl. Biol. **53** (1964), S. 259–266

HEATHCOTE, G. D., COCKBAIN, A. J.: Aphids from mangold clamps and their importance as vectors of beet viruses. Ann. appl. Biol. **57** (1966), S. 321–336

Heijbroek, W.: De vergelingsziektewaarschuwingsdienst, 25 jaar geintegreerde bestrijding. Inst. Rational Suikerprod., Bergen op Zoom (1984), 20 S.

Heijbroek, W., Jorritsma, J., Hazen, P. J., Kerstens, M., Withagen, L.: The application of aldicarb granules in sugar beet growing practice and its profitability. Inst. Rationele Suikerprod. Bergen op Zoom (1979), 12 S.

Heiling, A.: Der Einfluß der Vergilbungskrankheit auf den Ertrag der Rüben. Zucker **6** (1953), S. 27–33

Heinze, K.: Die Virusrankheiten der Rübe und ihre Übertragung durch Insekten. Nachrichtenbl. Dt. Pflanzenschutzdienst, Berlin, N. F. **3** (1949), S. 1–7

Heinze, K.: Beitrag zur Ermittlung neuer Überträger für phytopathogene Viren. Z. Pflanzenkrankh. **66** (1959), S. 391–395

Hijner, J. A., Martinez Cordon, F.: De vergelingsziekte der bieten. III. Enige onderzoekingen over de vermengvuldiging van persikbladluizen op suikerbietenbladeren. Meded. Inst. Suikerbiet., Bergen op Zoom **23** (1953), S. 251–270

Hinz, B.: Weitere Versuche zur Übertragung von Viren der Beta-Rüben durch Blattlausrassen Arch. Pflanzenschutz **6** (1970), S. 515–521

Hinz, B.: Zur Übertragung des Nekrotischen Vergilbungsvirus der Zuckerrübe durch Myzus persicae (Sulz.) und Aphis fabae Scop. Wiss. Z. Univ. Rostock, Math.-Nat. Reihe **23** (1974), S. 589–591

Hull, R.: Report on virus yellows in Europe. The present state of research on virus yellows. Comp. rend. 14. assoc. I.I.R.B. (1951), S. 1–16

Hull, R.: Aphidborne viruses on sugar beet: A retrospective exercise in integrated control. Proc. Brit. Ins. Fungic. Conf., Brighton (1967)

Hull, R.: The Spray Warning Scheme for Control of Sugar Beet Yellows in England. Plant. Pathol. **17** (1968), S. 1–10

Hull, R., Dunning, R. A.: Problems of Estimation the Need for and Timing of Control Measures against Pests and Diseases of Crops. EPPO Bull. **10** (1976), S. 3–9

Hull, R., Heathcote, G. D.: Experiments on the time of application of insecticides to decrease spread of yellowing viruses of sugar beet 1954–66. Ann. appl. Biol. **60** (1967), S. 469–478

Hurst, C. W.: Forecasting the Severity of Sugar Beet Yellows. Plant Pathol. **14** (1965), S. 47–53

Impens, R.: Myzus persicae Sulz. et Aphis fabae Scop.: Leur dispersion suivie à l'aide de ^{32}P. Rev. Agric., Bruxelles **17** (1964), S. 905–919

Impens, R., Francois, E., Riga, A.: Les radioisotopes en écologie animale: I. Experiences sur le marquage de pucerons vecteurs de la jaunisse de la betterave. Meded. Landb. Hoogesch., Gent **30** (1965), S. 1009–1015

Jadot, R.: Étude de l'épidémiologie des virus de la jaunisse de la betterave. Parasitica **28** (1972), S. 89–101

Jadot, R.: Étude de l'épidémiologie des virus de la jaunisse de la betterave. VII. Populations aphidiennes et eficacité relative de différents systèmes de captures. Parasitica **30** (1974), S. 144 bis 158

Jadot, R.: Transmission des virus de la jaunisse de la betterave par quelques espéces d'aphides. Parasitica **31** (1975), S. 62–66

Jadot, R.: Aspects des épidémies de jaunisse et de mosaique de la betterave. Centre nat. Phytovirol. I.R.S.I.A., Rech. effect. Stat. Phytopathol. de l'etat., Centre Rech. agr. Gembloux. Rev. agric. **29** (1976), S. 555–582

Jadot, R., Oger, R.: L'estimation de l'intensité des attaques de jaunisse de la betterave. Bull. Rech. Agr. Gembloux **10** (1975), S. 177–184

Jadot, R., Vanderveken, J.: Action de pulverisations huileuse sur la dissemination du virus de la betterave. Meded. Fakult. Landbouwwetensch. Gent. **38** (1973), S. 1677–1683

Jepson, P. C.: A controlled environment study of the effect of leaf physiological age on the movement of apterous Myzus persicae on sugar-beet plants. Ann. appl. Biol. **103** (1983), S. 173–183

JOHNSTONE, G. R., KOEN, T. B., CONLEY, H. L.: Incidence of yellows in sugar beet as affected by variation in plant density and arrangement. Bull. Entomol. Res. **72** (1982), S. 289–294

KARL, E.: Beobachtungen zum Vorkommen von Myzus ascalonicus Donc. an Gartenerdbeere und verschiedenen Unkrautarten. Nachrichtenbl. Pflanzenschutz DDR **37** (1983), S. 291–221

KARL, E.: Giersemehl, I.: Untersuchungen zum Vektorartenspektrum des Milden Rübenvergilbungs-Virus (beet mild yellowing virus). Arch. Phytopathol. u. Pflanzenschutz **17** (1981), S. 229–234

KARL, E., GIERSEMEHL, I.: Untersuchungen zur Dauer der Infektiosität fastender Blattläuse nach Akquisition des Nekrotischen Rübenvergilbungs-Virus (beet yellows virus). Arch. Phytopathol. u. Pflanzenschutz, im Druck

KARL, E., LEHMANN, W., GEISSLER, K.: Virusausbreitung in großflächigen Zuckerrübenbeständen. Arch. Phytopathol. u. Pflanzenschutz **19** (1983), S. 365–374

KARL, E., LEHMANN, W., FRITZSCHE, R.: Eignung bzw. Effektivität von Myzus persicae (Sulz.) und Aphis fabae Scop. zur Übertragung des Milden (BMYV) und Nekrotischen Rübenvergilbungs-Virus (BYV). Nachrichenbl. Pflanzenschutz DDR **39** (1985), S. 35–38

KARL, E., PROESELER, G., HARTLEB, H.: Die Bedeutung von Unkräutern für die anholozyklische Überwinterung von Myzus persicae (Sulz.) und M. ascalonicus Donc. als Vektoren des Milden Rübenvergilbungs-Virus (beet mild yellowing virus). Arch. Phytopathol. u. Pflanzenschutz **17** (1981), S. 167–173

KASSANIS, B., CARPENTER, J. M., WHITE, R. F., WOODS, R. D.: Purification and some properties of beet yellows virus. Virology **77** (1977), S. 95–100

KASTIRR, R.: Befallsprognose für die viröse Rübenvergilbung. Nachrichtenbl. Pflanzenschutz DDR **38** (1984), S. 107–110

KASTIRR, R., REICHENBÄCHER, D., HAASE, D.: ELISA-Nachweis des Milden Rübenvergilbungs-Virus (beet mild yellowing virus) und des Gerstengelbverzwergungs-Virus (barley yellow dwarf virus) im Vektor. Arch. Phytopathol. u. Pflanzenschutz **21** (1985), S. 331–333

KASTIRR, R., SVOBODA, K.: Nachweis einiger persistenter Pflanzenviren in ihren Vektoren mittels ELISA und Übertragungstest. Arch. Phytopathol. u. Pflanzenschutz **24**, (1988), S. 87–92

KENNEDY, J. S., IBBOTSON, A., BOOTH, C. O.: The distribution of aphid infestation in relation to leaf age. I, Myzus persicae (Sulz.) and Aphis fabae Scop. on spindle trees and sugar-beet plants. Ann. Appl. Biol. **37** (1950), S. 651–679

KENNEDY, G. G., MCLEAN, D. L., KINSEY, M. G.: Probing behaviour of Aphis gossypii on resistant and susceptible muskmelon. J. econ. Entomol. **71** (1978), S. 13–17

KLECZKOWSKI, A., WATSON, M. A.: Serological studies of sugar beet yellows virus. Ann. appl. Biol. **31** (1944), S. 116–120

KLINGAUF, F.: Zur Wirtswahl der Grünen Erbsenlaus, Acyrthosiphon pisum (Harris) (Homoptera, Aphididae). Z. angew. Entomol. **65** (1970), S. 419–427

KLINGAUF, F., NÖCKER-WENZEL, K., RÖTTGER, U.: Die Rolle peripherer Pflanzenwachse für den Befall durch phytophage Insekten. Z. Pflanzenkrankh. Pflanzenschutz **85** (1978), S. 228 bis 237

KLINKOWSKI, M.: Epidemien und Pandemien. Abhandl. Sächs. Akad. Wiss. Leipzig, Math.-Nat. Klasse **51** (1971), S. 13

KLINKOWSKI, M., SEDLAG, U.: Ein Beitrag zur Epidemiologie und Prophylaxe der Vergilbungskrankheit der Beta-Rüben (Corium betae Holmes). Nachrichtenbl. Dt. Pflanzenschutzdienst Berlin, N.F. **7** (1953), S. 7–12

KRAMER, W., SASS, O., FRITZSCHE, R., PROESELER, G.: Mineralöl-Insektizid-Kombinationen zur Einschränkung der Virusausbreitung bei der Produktion von Beta-Rübensaatgut. Nachrichtenbl. Pflanzenschutz DDR **32** (1978), S. 629–530

KRAUSE, E.: Erfahrungen über das Auftreten und die Bekämpfung der virösen Vergilbung bei Zuckerrüben in Westfalen-Lippe. Gesunde Pflanze **35** (1983), S. 275–278

KREXNER, R.: Die Vergilbungskrankheit der Rübe in Österreich. Pflanzenarzt **32** (1979), S. 59 bis 64

Książek, W.: Wpływ nawożenia azotowego na występowanie zołtaczki buraka — Beta virus 4, Smith. Zeszyty Problemowe Postępów Nauk Rolniczych **142** (1973), S. 115—123

Kühne, T., Proeseler, G., Richter, J., Stanarius, A., Proll, E.: Mildes Rübenvergilbungs-Virus (Beet mild yellowing virus): Vermehrung, Reinigung und Herstellung von Antiseren. Arch. Phytopathol. u. Pflanzenschutz **21** (1985), S. 3—12

Kyriakou, A., Close, R. C., Ashby, J. W.: A strain of beet western yellows virus in Canterbury, New Zealand. New Zealand J. Agric. Res. **26** (1983), S. 271—277

Labedzka, E., Trzebirski, J.: (A search for biochemical factors of resistance to virus yellows in sugar beet.) Biul. Inst. Hodowli Aklimat. Roślin **141** (1980), S. 103—108

Lange, W. H., Kishiyama, J. S., Hills, F. J.: Integrated pest management of sugar beet insects. Calif. agric. **32** (1978), S. 21—22

Larsen, K.: Male sterility caused by beet yellows virus. Z. Pflanzenkrankh. Pflanzenschutz **87** (1981), S. 111—115

Lehmann, W., Karl, E., Geissler, K.: Untersuchungen zur Populationsdynamik und Dispersion von Aphis fabae Scop. und Myzus persicae (Sulz.) in Fabrikrübenbeständen. Nachrichtenbl. Pflanzenschutz DDR **36** (1982), S. 38—41

Lehmann, W., Karl, E., Schliephake, E.: Vergleich von Methoden zur Prüfung der Resistenz von Kulturpflanzen gegen Aphiden. Tag.-Ber., Akad. Landwirtsch.-Wiss. DDR, Berlin **217** (1983) S. 667—677

Lesemann, D.-E., Casper, R.: Zur Diagnose der Ursache von Vergilbungserscheinungen an Zuckerrüben. Jahresber. biol. Bundesanst. Land- u. Forstwirtsch. Berlin u. Braunschweig (1983), H. 52

Lowe, H. J. B.: Aphid resistance. Ann. Rep. Plant Breeding Inst. Cambridge (1969), S. 146

Lowe, H. J. B.: Aphid resistance in sugar beet. Ann. Rep. Plant Breeding Inst. Cambridge (1970), S. 111—113

Lowe, H. J. B.: Testing sugar beet for aphid-resistance in the glasshouse: a method and some limiting factors. Z. angew. Entomol. **76** (1974a), S. 311—321

Lowe, H. J. B.: Intranspecific variations of Myzus persicae on sugar beet (Beta vulgaris). Ann. appl. Biol. **78** (1974b), S. 15—26

Lowe, H. J. B.: Infestation of aphid-resistent and susceptible sugar beet by Myzus persicae in the field. Z. angew. Entomol. **79** (1975a), S. 376—383

Lowe, H. J. B.: Resistence to aphids in sugar beet. Ann. Rep. Plant Breeding Inst. Cambridge (1965b), S. 135—136

Lowe, H. J. B.: Possible advantages of small differences in resistance to aphids. In: Plant breeding for resistance to insect pests: considerations about the use of induced mutations. Proc. of an advisory group meeting on the use of mutations for resistance of crop plants to insects, organised by the joint FAO/AEA div. of atomic energy in food and agric. Dakar (1977), S. 91—99

Lowe, H. J. B.: Resistance to aphids in sugar beet. Ann. Rep. Plant Breeding Inst. Cambridge (1979), S. 89

Lowe, J. H. B., Russell, G. E.: Inherited resistance of sugar beet to aphid colonization. Ann. appl. Biol. **63** (1969), S. 337—343

Macias, W., Mink, G. J.: Preference of gree peach aphids for virus-infected sugar beet leaves. J. econ. Entomol. **62** (1969), S. 28—29

Matthieu, J. L., Verhoyen, M.: Facteurs influencant les aphides dans leur comportement de selection de l'hote. 1ere partie: Les pucerones et les plantes. Meded. Fac. Landbouw. Rijksuniv. Gent **45** (198), S. 489—500

Moericke, V.: Wie finden geflügelte Blattläuse ihre Wirtspflanzen. Mitt. Biol. Zentralanst. Land- u. Forstwirtsch. Berlin **75** (1953), S. 80—97

Müller, H.-J.: Über die Anflugdichte von Aphiden auf farbige Salatpflanzen. Ent. exper. appl. **7** (1964), S. 85—104

MÜLLER, F. P.: Die Populationsdynamik der Grünen Pfirsichblattlaus Myzodes persicae (Sulz.) Wiss. Z. Univ. Rostock, Math.-Nat. Reihe **3** (1954), S. 379–385

MÜLLER, H. M., HARTLEB, H., OPEL, H., PROLL, E., SCHMIDT, H. B.: Elektronenmikroskopischer Nachweis des Virus der Milden Rübenvergilbung (beet mild yellowing virus) in der Wirtspflanze Sinapis alba L. Arch. Phytopathol. u. Pflanzenschutz **11** (1975), S. 319–327

NACKEN, B.: Laboruntersuchungen über den Einfluß verschiedener Faktoren auf das Wirtswahlverhalten der Schwarzen Bohnenblattlaus, Aphis fabae Scop., unter besonderer Berücksichtigung geflügelter Tiere. Diss. Univ. Bonn (1974), 90 S.

NAGI, A., THIELEMANN, R.: Überträgereigenschaften verschiedener Herkünfte von Aphis fabae für das Schwache Vergilbungsvirus der Zuckerrübe. Jahresber. Biol. Bundesanst. Land- u. Forstwirtsch. Berlin u. Braunschweig 1973 (1974), S. P 110

OPEL, H., FUCHS, E.: Ein kombiniertes Nachweisverfahren für das Nekrotische Rübenvergilbungs-Virus. Arch. Phytopathol. u. Pflanzenschutz **11** (1975), S. 319–327

OPEL, H., FUCHS, E., ORTMANN, C.: Versuche zur mechanischen Übertragung des Virus der nekrotischen Rübenvergilbung (beet yellows virus) auf Rübenpflanzen. Arch. Phytopathol. u. Pflanzenschutz **15** (1979), S. 377+390

PETERSEN, B.: Investigations on Myzus persicae Sulz, Aphis fabae Scop. and virus yellows of beet (beta virus 4) in Denmark. Dan. Acad. Techn. Sci., Copenhagen (1961), 52 S.

PLASKITT, K. A., BAR-JOSEPH, M.: Electron microscopy of beet yellows virus infection in Chenopodium hybridum L. Micron **9** (1978), S. 109–116

POCSAI, E., KOBZA, S.: Epidemic occurence of barley yellow dwarf virus in Hungary. Proc. Int. Conf. Integr. Plant Prot., Budapest No. 1, S. 50–57

POLÁK, J.: Physical properties and serological relationships of beet yellow virus strains. Phytopathol. Z. **72** (1971a), S. 235–244

POLÁK, J.: Differentiation of strains of sugar beet yellows virus on Tetragonia expansa Murr. and other indicator plants. Biol. Plant **13** (1971b), S. 145–154

POLÁK, J.: K diagnóze virul žloutenky řepy aglutinačnim latexovým testem. Rostl. Výroba **25** (1979a), S. 31–38

POLÁK, J.: Occurrence of beet western yellows virus in sugar beet in Czechoslovakia. Biol. Plant **21** (1979b), S. 275–279

POLÁK, J.: To the problem of occurence of luteoviruses in Beta sp. and Brassica plants in Czechoslovakia. Proc. 9th. Conf. Czech. plant Virologists, Brno (1981), S. 129–132

POLÁK, J., CHOD, J.: The occurence of beet mild yellowing virus in Czechoslovakia. Biol. Plant **17** (1975), S. 304–308

PROESELER, G.: Auftreten von infektiösen Blattläusen als Hinweis für die Termine der Vektorenbekämpfung im Zuckerrübenanbau. Arch. Phytopathol. u. Pflanzenschutz **16** (1980), S. 297 bis 304

PROESELER, G., FRITZSCHE, F.: Viröse Vergilbung der Zuckerrüben. Fortschrittsberichte für die Landwirtschaft und Nahrungsgüterwirtschaft Band **18** (1980), Heft 8, Akad. Landwirtschaftswiss. DDR, 36 S.

PROESELER, G., FRITZSCHE, R., KARL, E., GEISSLER, K., ZSCHIEGNER, H.-J.: Bekämpfung der Blattläuse als Virusüberträger der Beta-Rüben in Parzellen- und Großversuchen durch Systeminsektizide und Citolöl. Arch. Phytopathol. u. Pflanzenschutz **12** (1976), S. 127–134

PROESELER, G., KASTIRR, R., FRITZSCHE, R.: Biologische Grundlagen für die richtige Terminwahl bei der Vektorenbekämpfung in Zuckerrüben. Nachrichtenbl. Pflanzenschutz DDR **36** (1982), S. 91–92

PROESELER, G., RICHTER, K., KALININA, I., KÜHNE, T.: Weitere Ergebnisse bei der Anwendung des ELISA zum Nachweis des Milden Rübenvergilbungs-Virus. Arch. Phytopathol. u. Pflanzenschutz **21** (1985), S. 437–443

RABENSTEIN, F., KÜHNE, T., RICHTER, J., KLEINHEMPEL, H.: Herstellung monoklonaler Antikörper gegen das Milde Rübenvergilbungs-Virus (beet mild yellowing virus). Arch. Phytopathol. u. Pflanzenschutz **20** (1984), S. 517–519.

Richter, J., Kleinhempel, H., Döring, U., Augustin, W.: Empfindlichkeit des Nachweises von Pflanzenviren mit einer Mikrovariante des „enzyme-linked immunosorbent assay" (ELISA) bei Verwendung von PVC-Tiefziehblistern als Träger. Arch. Phytopathol. u. Pflanzenschutz **15** (1979), S. 361—366

Rieckmann, W.: Untersuchungen zum Einfluß im Nachauflaufverfahren applizierter Herbizide auf den Blattlausbefall an Zuckerrüben. Diss. Univ. Göttingen (1975), 93 S.

Rieckmann, W.: Die Vergilbungskrankheit der Zuckerrübe — ein permanentes Ärgernis. Zuckerrübe **29** (1980), S. 42—46

Řimsa, V., Jilková, M., Petrák, Z.: Effect of beet yellows virus on the technological quality of sugar beet. Proc. VII. Czech. plant prot. Conf., Nitra (1978), S. 104—105

Řimsa, V., Pozděna I. Pfeiferová D.: The use of some criteria in sugar beet selection for resistance against beet yellows virus (BYV). Tag.-Ber. Akad. Landwirtsch.-Wiss. DDR Berlin **216** (1984) S. 265—270

Rochow, W. F.. Duffus. J. E.: Luteoviruses and yellows diseases. In: Kurstak E. (ed.): Handbook of plant virus infections & comparative diagnosis. Elsevier/North-Holland Biomed, Press (1981) S. 147—170

Roland, G.: Lao transmission du virus de la jaunisse de la betterave par la semence. Parasitica **4** (1948) S. 30

Roland, G. Jad t R. Riga A.: Etude de l'épidémiologie des virus de la jaunisse de la betterave. Rech. sur lesplantes adventices, Parasitica **24** (1968) S. 121—128

Röstel, H.-J. Hartleb H.: Methodik, Ergebnisse und Probleme der Resistenzzüchtung von Zuckerrüben gegen viröse Vergilbung. Arch. Züchtungsforschung **10** (1980) S. 301 bis 306

Russell, G. E.: Sugar beet yellows: A preliminary study of distribution and interrelationships of viruses and virus strains found in East anglia 1955—1967. Ann. appl. Biol. **46** (1958) S. 393—398

Russell, G. E.: Sugar beet mild yellowing virus: a persistent aphid-transmitted virus. Nature **195** (1962), S. 1231

Russell, G. E.: Some factors affecting the relative incidence distribution and importance of beet yellows virus and sugar-beet mild yellowing virus in eastern England, 1955—62. Ann. appl. Biol. **52** (1963a), S. 405—413

Russell, G. E.: Isolation of individual strains of beet yellows virus, Nature **197** (1963b) S. 623 to 624

Russell, G. E.: Observations on the epidemiology of sugar beet virus yellows in eastern England. Plant Pathol. **14** (1965) S. 95—101

Russell, G. E.: Effects of mineral oil on Myzus persicae (Sulz.) and its transmission of beet yellows virus. Bull. Entomol. Res. **59** (1970), S. 691—694

Russell, G. E.: Inherited resistance to virus yellows in sugar beet. Proc. Roy. Soc., Ser. B. **181** (1972), S. 267—279

Russell, G. E.: Some effects of benzimidazole compounds on the transmission of beet yellows virus by Myzus persicae. Proc. 1977 British Crop Prot. Conf. (1977), S. 831—834

Russell, G. E.: Plant breeding for pest and disease resistance. Sugar beet. Virus yellows. London, UK, Butterworth & Co. (Publishers) Ltd. (1978), S. 239—243

Schäufele, W. R.: Die viröse Vergilbung der Zuckerrübe, Ursache, Prognose und Bekämpfung. F. O. Lichts Europ. Zucker-Jahrb. **114** (1975), S. 1—5

Schenk, G.: Untersuchungen zur Virusbelastung beim Anbau von Kartoffeln unter Polyethylenfolie. Nachrichtenbl. Pflanzenschutz DDR **37** (1983), S. 38—40

Schmelzer, K., Hartleb, H.: Beta- und Brassica-Rüben. In: Klinkowski, M.: Pflanzliche Virologie Bd. 2., 3. Aufl., Akademie-Verlag Verlin (1977), S. 114—143

Schmidt, H. B.: Der Massenwechsel der Vektoren der virösen Rübenvergilbung in den Jahren 1954 bis 1957 in Aschersleben. Nachrichtenbl. Dt. Pflanzenschutzdienst Berlin, N.F. **12** (1958(, S. 209—217

SCHREIER, O., RUSS, K.: Über den Massenwechsel von Doralis fabae Scop. und Myzodes persicae Sulz. und seine Bedeutung für das Auftreten der virösen Rübenvergilbung in Österreich. Pflanzenschutzberichte 13 (1954), S. 1–43

SCHWÄHN, P., RÖDER, K.: Methodische Anleitung zur Schaderreger- und Bestandesüberwachung auf EDV-Basis. Markkleeberg (1983), 219 S.

SEDLAG, U.: Untersuchungen über den sommerlichen Massenwechsel der Vektoren der virösen Rübenvergilbung in Mitteldeutschland. Nachrichtenbl. Dt. Pflanzenschutzdienst Berlin, N. F. 7 (1953), S. 161–168

SHORT, M. N., HULL, R., BAR-JOSEPH, M., REES, M. W.: Biochemical and serological comparisons between carnation yellow fleck virus and sugar beet yellows virus protein subunits. Virology 77 (1977), S. 408–412

SMIRNOVA, H. M.: O zavisimosti čislennost bobovoj tli (Aphis fabae Scop.) ot soderžanija sacharov i azotistych veščestv v rastenijach sacharnoj svekly, obratotannych DDT. Trudy Vsesojuzn. naučn.-issl. inst. zaščity rastenij, Leningrad 24 (1965), S. 124–129

SOMMER, E.: Untersuchungen des Stoffwechsels vergilbungskranker Rüben unter mitteldeutschen Verhältnissen. Zuckerindustrie 7 (1957), S. 387–393

SPAAR, D., FRITZSCHE, R., HARTLEB, H.: Die viröse Rübenvergilbung — eine gefährliche Krankheit der Zuckerrüben. Feldwirtschaft 16 (1975), S. 137–139

STANARIUS, A., KÜHNE, T., PROESELER, G., KLEINHEMPEL, H.: Beet cryptic and beet mild yellowing viruses — morphologically distinguishable in the electron microscope. Arch. Phytopathol. u. Pflanzenschutz 20 (1984), S. 351–353

STEUDEL, W.: Über Auftreten und Ausbreitung der virösen Rübenvergilbung im Elsdorfer Versuchsfeld und ihre Beziehung zum Massenwechsel der Überträger in zwei Extremjahren. Nachrichtenbl. Dt. Pflanzenschutzdienst, Braunschweig 2 (1949), S. 166–171

STEUDEL, W.: Die Rolle der Mietenlaus (Hyperomyzus tulipaellus Theob.) im Seuchenzyklus der Vergilbungskrankheit der Beta-Rüben (Beta-Virus 4, Corium betae Holmes). Anz. Schädlingskd. 31 (1958a), S. 67–71

STEUDEL, W.: Versuche zur Übertragung des Vergilbungsvirus (Beta-Virus 4) auf Zuckerrüben mit gestaffelter Individuenzahl des Überträgers Myzodes persicae (Sulz.). Zucker 11 (1958b), S. 538–542

STEUDEL, W.: Entwicklung und Notwendigkeit von Schadvoraussagen und Spritzwarnsystemen bei der Zuckerrübe, speziell bei Viruskrankheiten. Zucker 24 (1971), S. 137–138

STEUDEL, W.: Einfluß einer Bodenbehandlung mit Saatschutzmitteln auf den Aufgang und die durch Vergilbungsviren verursachten Ertragsverluste bei Zuckerrüben. Nachrichtenbl. Dt. Pflanzenschutzdienst, Braunschweig 28 (1976), S. 117–121

STEUDEL, W.: Dreijährige Versuche zur Vergilbungstoleranz der Zuckerrübensorte ‚Vytomo' unter natürlichen Befallsbedingungen im Raume Münster. Nachrichtenbl. Dt. Pflanzenschutzdienst, Braunschweig 30 (1978), S. 133–136

STEUDEL, W., BLAESEN, P.: Welche Faktoren sind in der Hauptsache für Schwankungen im Auftreten der Vergilbungskrankheit verantwortlich? Zuckerrübe 6 (1957), S. 9–12

STEUDEL, W., HEILING, A.: Der Einfluß der Saatzeit auf Auftreten und Ausbreitung der Vergilbungskrankheit der Beta-Rüben. Nachrichtenbl. Dt. Pflanzenschutzdienst, Braunschweig 3 (1952), S. 40–44

STEUDEL, W., THIELEMANN, R.: Weitere Versuche zur Frage der Bedeutung von Blattlaus-Saugschäden im Seuchengebiet der Vergilbungskrankheit der Zuckerrüben. Zucker 21 (1968), S. 690–693

STEYVOORT, VAN, L.: La végétation, les ennemis et les maladies de la betterave sucrière en Belgique en 1976. Inst. Belge Amélioration Betterave 4 (1977), S. 159–175

SUGIMOTO, T., MURAYAMA, D., SINAI, S.: Studies on the yellows virus disease of sugar beet. Tensai Kenkyu Hokoko Bull. Sugar Beet Res., Tokyo 8 (1970), S. 165

SYLVESTER, E. S.: Beet yellows virus transmission by the green peach aphid. J. econ. Entomol. 49 (1956), S. 789–800

SYLVESTER, E. S., BURTON, V. E., DUNCAN, R. B.: Field evaluation of demeton in the control of beet yellows virus. J. econ. Entomol. **52** (1959), S. 910–917

SZIRMAI, J.: Magátviteli kisérletek az àrpa sárga törpeség (barley yellow dwarf) virussal. Növénytermelés **28** (1979), S. 147–153

TAMADA, T., HARRISON, B. D.: Quantitative studies on the uptake and retention of potato leafroll virus by aphids in laboratory and field conditions. Ann. appl. Biol. **98** (1981), S. 261–276

TAMAKI, G., FOX, L., BURT, B. A., RICHARDS, A. W.: Relationships among aphids, virus yellows and sugarbeet yields in the Pacific Northwest. J. econ. Entomol. **71** (1978), S. 654–656

THIELEMANN, R.: Über den Verlauf der Blattlausgradation und das Auftreten der Vergilbungskrankheit bei Zuckerrüben in einem Versuch mit Feldberegnung im Trockenjahr 1959. Mitt. Biol. Bundesanst. Land- u. Forstwirtsch., Berlin **99** (1960), S. 110–119

THIELEMANN, R., NAGI, A.: Neuere Erfahrungen zum Vorkommen zweier Vergilbungsviren an Zuckerrüben in der Bundesrepublik Deutschland, zur Bedeutung der Vektoren und der Ertragsverluste. Z. Pflanzenkrankh. u. Pflanzenschutz **84** (1977), S. 257–269

THIELEMANN, R., NAGI, A.: Welche Bedeutung haben die zur „Aphis fabae-Gruppe" gehörenden Blattlausstämme für die Übertragung des schwachen Vergilbungsvirus auf Beta-Rüben? Z. Pflanzenkrankh. u. Pflanzenschutz **86** (1979), S. 161–168

THORMEIER, H., FRITZSCHE, R., THIELE, S.: Vektorenbekämpfung bei Zuckerrüben im Bezirk Magdeburg. Feldwirtschaft **20** (1979), S. 129–131

VANDERVEKEN, J.: Effects of mineral oils and lipids an aphid transmission of beet mosaic and beet yellows viruses. Virology **34** (1968), S. 807–809

WALKEY, D. G. A., DANCE, M. C.: The effect of oil sprays on aphid transmission of turnip mosaic, beet yellows, bean common mosaic and bean yellows mosaic viruses. Plant Dis. Rept. **63** (1979), S. 877–881

WARCHOŁOWA, M.: Effect of potassium on the metabolism of sugar beet plants infected with beet yellows virus. Zeszyty Problemowe Postepów Nauk Rolniczych **111** (1970), S. 229–235

WATERHOUSE, P. M., MURANT, A. F.: Purification of carrot red leaf virus and evidence from four serological tests for its relationship to luteoviruses. Ann. appl. Biol. **97** (1981), S. 191 bis 204

WATSON, M. A.: The Relation of Annual Incidence of Beet Yellowing Viruses to Variations in Wheater. Plant Pathol. **15** (1966), S. 145–152

WATSON, M. A., HEALY, M. J. R.: The spread of beet yellows and beet mosaic viruses in the sugarbeet root crop. II, The effects of aphid numbers on disease indicence. Ann. Appl. Biol. **40** (1953), S. 38–59

WATSON, M. A., HEATHCOTE, G. D., LAUCKNER, F. B., SOWRAY, P. A.: The use of Weather Data and Counts of Aphids in the Field to Predict the Incidence of Yellowing Viruses in Sugar Beet Crops in England in Relation to the Use of Insecticides. Ann. appl. Biol. **81** (1975), S. 181–198

WATSON, M. A., WATSON, D. J., HULL, R.: Factors affecting the loss of yield of sugar beet caused by beet yellows virus. 1. Rate and date on infection date of sowing and harvesting. J. agric. Sci., **36** (1946), S. 151–166

WEISMANN, L.: Ökologie von Aphis fabae Scop. als Vektor der Vergilbungskrankheit der Zuckerrübe in der ČSSR. Tag.-Ber. Akad. Landwirtsch.-Wiss. DDR, Berlin **134** (1975), S. 43–49

WEISMANN, L., HALANDA, S.: Reaktion der Schwarzen Bohnenblattlaus Aphis fabae Scop. auf qualitative Änderungen des Inhaltes von Aminosäuren in den Vegetationsorganen des Spindelbaumes (Evonymus europaea L.) und der Saatpflanzen der Zuckerrübe. Biológia **23** (1968), S. 849–856

WEISMANN, L., VALLO, V.: Voška maková (Aphis fabae Scop.). Vydatelstvo Slov. Akad. Vied., Bratislava (1963), 301 S.

WENZL, H., FUCHS, H.: Untersuchungen über die Schadensbedeutung der Vergilbungskrankheit der Zuckerrübe in Österreich. Pflanzenschutzberichte **10** (1953), S. 88–92

WIESNER, K.: Ein Beitrag zur Epidemiologie der virösen Rübenvergilbung (Corium betae Holmes) in der Deutschen Demokratischen Republik. Wiss. Z. Univ. Halle—Wittenberg ,Math.-Nat. Reihe 8 (1959a), S. 577—630

WIESNER, K.: Der Einfluß einer Mischinfektion von Rübenmosaik und viröser Rübenvergilbung bei Zuckerrübensamenträgern auf Entwicklung, Saatgutertrag und Saatgutqualität. Wiss. Abhandl. Dt. Akad. Landwirtsch.-Wiss. Berlin (1959b), Nr. 38, S. 74—90

WIESNER, K.: Die Bedeutung der virösen Rübenvergilbung für die DDR. II. Die durch diese Virose verursachten Ertragsausfälle. Zuckererzeugung **4** (1960), S. 23—28

WIESNER, K.: Über den Nachweis der Milden Rübenvergilbung in der Deutschen Demokratischen Republik. Arch. Pflanzenschutz **3** (1967), S. 177—183

WIESNER, K.: Zur Schädigung der Zuckerrüben durch die Milde Rübenvergilbung, durch die Nekrotische Rübenvergilbung und durch Mischinfektion beider Virosen. Arch. Phytopathol. u. Pflanzenschutz **9** (1973), S. 151—164

WIESNER, K.: Krankheiten und Schädlinge der Zucker- und Futterrüben. In: KLINKOWSKI, M., MÜHLE, E., REINMUTH, E., BOCHOW, H.: Phytopathologie und Pflanzenschutz. Berlin, Akademie-Verlag (1974), Bd. 2, S. 364—416

WIESNER, K.: Blattläuse und Virosen in Beständen der direkten und indirekten Vermehrung von Beta-Rüben. Nachrichtenbl. Pflanzenschutz DDR **37** (1983), S. 59—62

WIESNER, K., ECKERT, H.: Die Bekämpfung der Schwarzen Rübenblattlaus (Aphis fabae Scop). bei Zuckerrüben mit über den Boden applizierten systemischen Insektiziden. Arch. Phytopathol. u. Pflanzenschutz **13** (1977), S. 33—43

WIESNER, K., MÜLLER, G., HARTLEB, H., HOHN, E.: Auftreten von Viren, Auflaufschaderregern und Rübennematoden in der industriemäßigen Zuckerrübenproduktion und Wege zur Bekämpfung. Feldwirtschaft **17** (1976), S. 67—70

WIKTELIUS, S.: The Importance of Southerly Winds and other Weather Data on the Incidence of Sugar Beet Yellowing Viruses in Southern Sweden. Swed. J. Agr. Res **7** (1977), S. 89—95

ZSCHIEGNER, H.-J.: Grundlagen für die Entwicklung chemischer Pflanzenschutzmittel zur Verhinderung der Übertragung phytopathogener, insbesondere nichtpersistenter Viren durch Aphiden. Diss. Univ. Halle (1973), 233 S.

Auf Grund der Spezifik des Stoffgebietes und der eindeutigen Zuordnung der Teilgebiete im detaillierten Inhaltsverzeichnis wird auf ein Sachregister bzw. ein Stichwortverzeichnis verzichtet.

FSC
www.fsc.org
MIX
Papier | Fördert
gute Waldnutzung
FSC® C083411

Zeitfracht Medien GmbH
Ferdinand-Jühlke-Straße 7
99095 Erfurt, Deutschland
produktsicherheit@kolibri360.de